全国高等教育环境设计专业示范教材

景观工程

夏 晖　孟 侠 / 编著

ENGINEERING FOR LANDSCAPE

重庆大学出版社

图书在版编目（CIP）数据

景观工程/夏晖，孟侠编著. —重庆：重庆大学出版社，2015.1
全国高等教育环境设计专业示范教材
ISBN 978-7-5624-8495-0

Ⅰ.①景… Ⅱ.①夏…②孟… Ⅲ.①景观设计—高等学校—教材 Ⅳ.①TU986.2

中国版本图书馆CIP数据核字（2014）第178395号

全国高等教育环境设计专业示范教材
景观工程 夏 晖 孟 侠 编著
JINGGUAN GONGCHENG
策划编辑：周 晓
责任编辑：李定群 高鸿宽 版式设计：汪 泳
责任校对：关德强 责任印制：赵 晟

重庆大学出版社出版发行
出版人：邓晓益
社 址：重庆市沙坪坝区大学城西路21号
邮 编：401331
电 话：（023）88617190 88617185（中小学）
传 真：（023）88617186 88617166
网 址：http://www.cqup.com.cn
邮 箱：fxk@cqup.com.cn（营销中心）
全国新华书店经销
重庆市金雅迪彩色印刷有限公司印刷

开本：787×1092 1/16 印张：7.5 字数：201千
2015年1月第1版 2015年1月第1次印刷
印数：1—5 000
ISBN 978-7-5624-8495-0 定价：48.00元

前　言

PREFACE

景观设计是为满足人类需求而做的环境景观与乡野自然景观的空间设计，是一个充分控制人们生活环境品质的设计过程，也是一种改善人们使用与体验户外空间的艺术。景观设计在为满足人们户外生活需求时，需要以科学理性的分析、艺术创造的灵感和科学的技术手段为特定的场所安排最恰当的土地利用方式，是建立在广泛的自然科学和人文、艺术、工程学科基础上的应用学科。而景观工程是研究景观造景技艺及工程施工的学科，为环境空间创造提供科学和工程技术的支持。它研究的中心内容在于解决景观中各要素的建构及要素间矛盾的协调统一问题。

对于景观设计及相关专业的学生和从业人员而言，景观工程是必须了解和掌握的重要的专业知识，因为脱离了科学和技术支持的空间艺术创造无异于空中楼阁；另一方面，当景观设计师具备全面的工程技术知识并能在设计中游刃有余地控制和驾驭时，无疑也将带来更宽广与自由的艺术表现。

本书主要内容包括地形和土方工程、道路工程、铺装工程、水景工程、植物种植工程、水电工程、综合管线工程等内容。作为教材，本书主要是针对景观工程上述内容的基础知识的整理和阐述，包括基本概念、设计原则、常用的材料和成熟的工程构造和技术手段等。本书的编写参阅和借鉴了专业领域内的研究和归纳成果，力求建构一个较为基础而全面的景观工程的知识体系。

本书内容共10章，其中第2～6、第10章由夏晖编写，第1章、第第7～9章由孟侠编写。

由于本书是对现有知识的整理和汇编，吸纳和借鉴了大量前辈的知识成果，谨致以谢意和敬意，也希望能对景观设计专业师生及相关专业人员有所帮助。

编　者

2014年8月

目　录

CONTENTS

1　地形与土方工程

1.1　地形的基本知识

1.1.1　地形的概念及作用

（1）地形的概念

地形是外部环境的地表要素，是指地球表面三度空间起伏变化形成的地表的外观形态，是地貌的近义词。地形包括很多复杂多样的类型：山谷、高山、丘陵、平原这一类的描述，一般称为“大地形”；景观工程中主要涉及的包括土丘、台地、斜坡、平地或因台阶和坡道所引起的水平变化的地形等，统称为“小地形”；起伏最小的地形，称“微地形”，包括自然地表上的微弱起伏或波纹，以及地表材质的不同质地变化。

（2）地形的意义和作用

在景观工程中，地形直接联系着其他的环境要素和环境外貌，对室外环境有显著的影响。地形是景观构成中的基本结构因素，如同建筑物的框架，对景观中其他设计要素起支配作用，所有其他要素都在某种程度上依赖地形。同时，地形能影响特定区域的美学特征，影响空间构成和空间感受，影响景观、排水、小气候，影响土地的使用等。

1.1.2　地形的表示方法

地面点到大地水准面的铅垂距离，称为该点的绝对高程，简称高程或海拔。我国目前采用的是“1985年国家高程基准”，以青岛验潮站1952—1979年长期观测记录黄海海水面的高低变化并取其平均值确定大地水准面的位置（高程为零），以此为基准推测全国各地的高程。在具体工程中，也可采用任意假定水准面为基准面确定地面点的铅垂距离，称为假定高程或相对高程。

在景观工程中，主要采用图示和标注的方法，以直观和精确地反映地形的信息。

（1）等高线法

等高线法是最常用的地形平面图表示方法，也是地形最基本的图示表示方法。

等高线法是以某个参照水平面为依据，用一系列等距离假想的水平面切割地形后所获得的交线的水平正投影（标高投影）图表示地形的方法（图1.1），投影线称为等高线，即地表上高程相同的点的连线，呈曲线或直线。两相邻等高切面（L）之间的垂直距离h，称为等高距；水平投影图中两相邻等高线之间的垂直距离，称为等高线平距。平距是一个变值，与地形变化有关。等高线图中必须明确标注比例尺和等高距。

一般的地形图中的等高线包含两种：一种是基本等高线，称为首曲线，常用细实线表示；另一种是每隔4根首曲线加粗一根并标注上高程的等高线，称为计曲线（图1.2）。在地形设计图中，还会以原地形等高线用虚线、设计等高线用实线的方式加以区分，避免混淆。

等高线具有以下特性：

① 同一条等高线上所有的点的标高相同。

② 任意一条等高线都是连续且是闭合的线。

③ 等高线的水平间距的大小表示地形的缓或陡，疏则缓，密则陡；等高线间距相同时，地面坡度相等。

④ 等高线一般不相交、重叠或合并，只有在

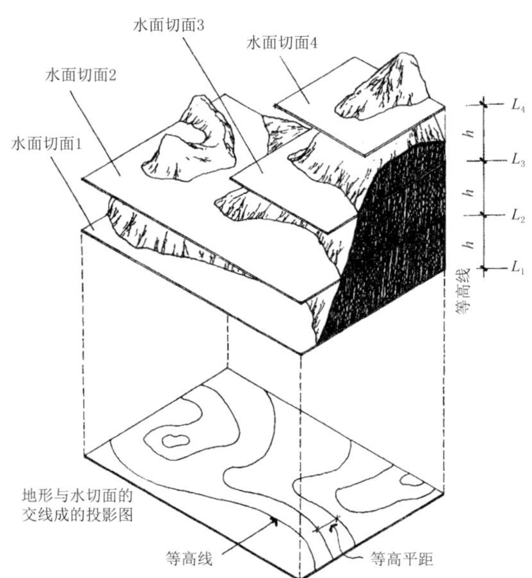

图1.1　等高线

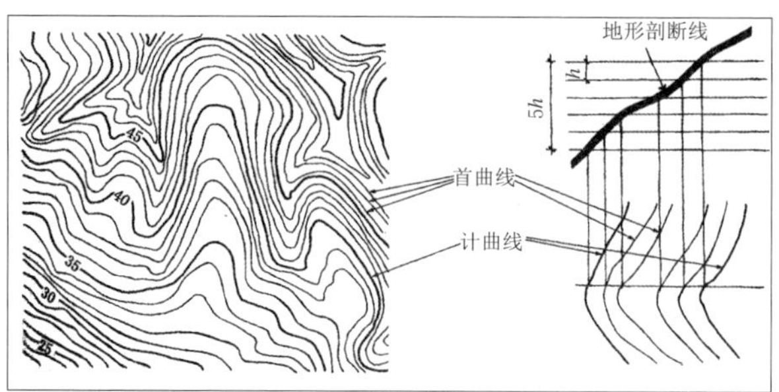

图1.2　首曲线和计曲线

图1.3　地形分布图

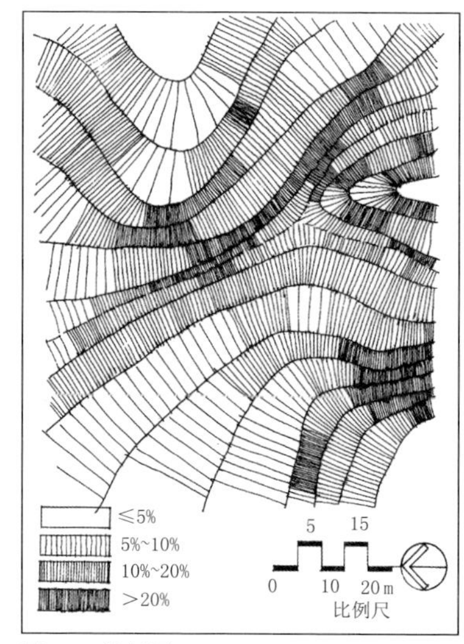

图1.4　坡级图

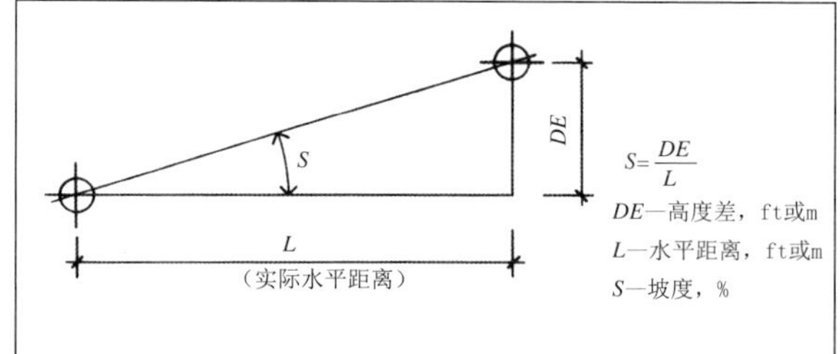

图1.5　坡度公式示意图

悬崖处的等高线才可能出现相交的情况。某些垂直于地面的峭壁、地坎或挡土墙、驳岸处的等高线才会重合在一起。

⑤ 等高线与山谷线、山脊线垂直相交时，山谷线的等高线是凸向山谷线标高升高的方向，而山脊线的等高线是凸向山脊线标高降低的方向。

⑥ 等高线不能随便横穿过河流、峡谷、堤岸和道路等。

（2）分布法

分布法是地形的另一种直观的表示方法，是将地形的高程划分成间距相等的几个等级，并用单色或复色加以渲染，各高度等级的色度或色相随着高程从低到高的变化也逐渐变化。地形分布图能直观地反映基地范围内地形变化的程度、地形的分布和走向（图 1.3）。

（3）坡级法

在地形图上，用坡度等级表示地形的陡缓和分布的方法称为坡级法（图1.4）。这种方法可更直观地了解和分析地形。

坡度通常定义为高度在一段水平距离上的竖向变化（单位是ft或m），即：$S=DE\backslash L$。

式中：S——坡度，%；DE——水平距离或图纸距离为L的一条直线两个端点之间的高度差，ft或

m（图1.5），即坡度为斜坡的垂直高度差与斜坡的水平距离的比值。

坡度可用相等的百分比来表示，或者被表示为如4:1的比值形式，一个4:1的比值等效于25%的坡度，这意味着对于每4个单位（ft或m）水平距离，有1个单位（ft或m）向上或向下的竖向变化。

在用坡级法对地形进行表示和分析时，首先要根据设计内容对坡度的要求、地形的复杂程度以及地形图中等高距的大小等进行恰当的坡度等级划分，再根据拟订的坡度值范围，用坡度公式算出临界平距，划分出等高线平距范围；然后去量找相邻等高线间的所有临界平距位置并加以划分，量找时应以相邻等高线间的垂直距离为依据；最后，根据平距范围确定出不同坡度范围（坡级）内的坡面，用线条或色彩加以区别。常用的方法有影线法和单色或复色渲染法。

（4）高程标注法

当需要表示地形图中某些特殊的地形点时，可用十字或者圆点作出标记，并在标记旁注上该点到参考面的高程，高程常注写到小数点后第二位，这些点常处于等高线之间。这种地形表示法称为高程标注法。高程标注法适用于标注如场地转角、坡面的顶面和底面、地形图中最高和最低以及一些特殊控制点的高程。在场地设计、场地平整等施工图中常用。

1.1.3 等高线特征图与地貌

不同的地形地貌在地形图中会反映出特定的等高线分布特征；反之，观察和分析地形图中的等高线特征就能直观地获取地形地貌的信息（图1.6）。

（1）山脊和山谷

山脊就是一种凸起的细长形地貌；在地形狭窄处，等高线指向山下方向；典型地，沿着山脊侧边的等高线将相对平行；而且沿着山脊会有一个或几个最高点。山谷是长形的凹地，并在两个山脊之间形成空间；山脊和山谷必须相连，因为山脊的边坡形成山谷壁，山谷由指向山顶的等高线表示。对于

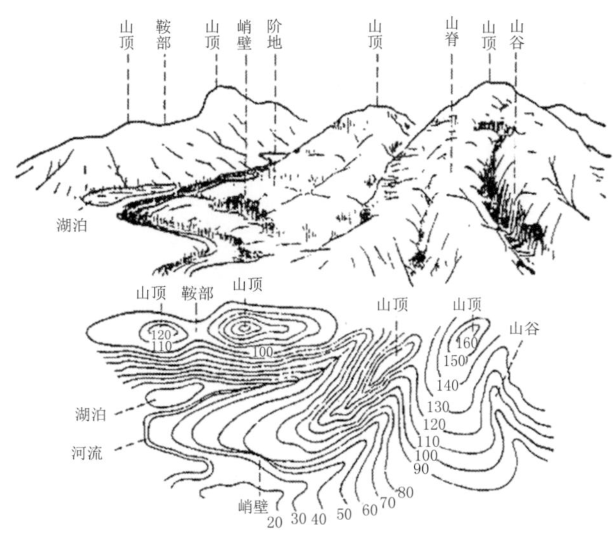

图1.6 地形图中的等高线特征图

山脊和山谷，其等高线形状是相似的，因此标出坡度方向是非常重要的。在某种情况下，等高线会改变方向形成U形或V形形状。由于等高线改变方向的是较低点，因此，V形经常和山谷联系起来。水沿着两个斜坡的交汇处汇集起来向山下流动，在底部形成天然排水沟。

（2）峰顶和谷底

峰顶是相对于周围地面而言有一个最高点；等高线构成同心的、闭合的图形，在中心区是最高的等高线。而谷底则是相对周围地面而言的最低点；在谷底，等高线再次形成同心的、闭合的图形，但中心区是最低的等高线。为避免把峰顶和谷底混淆，知道高程变化方向是很重要的。

（3）凹面和凸面斜坡

凹面斜坡的一个明显特点是沿着山脚方向等高线间距越来越大，这说明在高度较高处斜坡陡，而在低处斜坡逐渐变得平缓。凸面斜坡和凹面斜坡正好相反，换句话说，沿着山脚方向的等高线间距越来越小；斜坡在高处平缓而在低处逐渐变陡。

（4）均匀斜坡

沿着均匀斜坡，等高线间距相同，因此高度变化是常量。均匀斜坡在工程建设中比在自然环境中更典型。

1.1.4 地形分析

在了解地形基本信息的基础上，设计中要进行细致的地形分析，包括地面高程、坡度、坡向、特征、脊线（分水线）、谷线（汇水线）、洪水淹没线、制高点、冲沟、洼地位置等内容。为了确定拟建各部分所对应的最佳场地，或在特殊场地上的其他用途，景观设计师必须要做地形的坡度分析，具体的方法前面已经作了介绍，分析的结果和其他方面的一些因素，如经济、植被、排水、土壤等一起被用来作场地设计决策。通过坡度修整的手段来调整每一场地所需要的坡度上的变化，这些坡度的变化将和整体设计构思融合，一起对场地功能和视觉上产生影响。

1.2 竖向设计

竖向设计是指在一块场地上对场地地面及各设计组成要素进行垂直于水平面方向的布置和处理，对高程（标高）作出的设计与安排。景观工程的竖向设计就是根据建设项目的要求，结合场地的自然地形特点、功能布局与施工技术条件，充分利用原有地形、减少土方量，因地制宜地确定各部分的竖向位置，合理地组织地面排水并利于地下管线的敷设，解决好场地内外的高程衔接，统筹安排场地内各要素、设施和地貌景观之间的关系，从而最大限度地发挥景观的综合功能。

1.2.1 竖向设计的原则

（1）满足各项用地的使用要求

通过对地形和自然环境的适当调整、改造，使场地满足各组成部分在使用功能上对高程的要求，并保证各部分之间良好的联系。

① 建筑

室内地坪高于室外地坪：住宅30～60 cm，学校、医院45～90 cm（多雨地区宜采用较大值。高层建筑、土质较差或填土地段还应考虑建筑沉降）。

表1.1 地形设计中坡值的取用

项目 \ 坡值i		适宜的坡度/%	极值/%	特点说明
游览步道		≤8	≤12	
散步步道		1～2	<4	
主园路（通机动车）		0.5~6（8）	0.3~10	当<0.3%时，设计锯齿形边沟来排除地面径流
次园路（圆务便道）		1~10	0.5~15	
次园路（不通机动车）		0.5~12	0.3~20	
广场与平台		1~2	0.3~3	地坡　平台台阶宽 1%　>200 m 2%　≥100 m 3%　≥50 m
台　阶		33~50	25~50	
停车场地		0.5~3	0.3~8	
运动场地		0.5~1.5	0.4~2	
游戏场地		1~3	0.8~5	
高尔夫球地场		2~3	1~5	
草　坡		≤25~30	≤50	允许地坡起伏在1%~5%
种植林坡		≤50	≤100	
种植土坡		33	≤50	
理想自然草坪		2~3	1~5	有利机械修剪草皮
明　沟	自然土	2~9	0.5~15	
	铺　砌	1~50	0.3~100	

② 道路

机动车道纵坡一般≤6%，困难时可达9%，山区城市局部路段坡度可达12%。但坡度超过4%，必须限制其坡长；5%～6%，坡长≤600 m；6%～7%，坡长≤400 m；7%～8%，坡长≤300 m；9%，坡长≤150 m。

非机动车道纵坡一般≤2%，困难时可达3%，但坡长应限制在50 m以内；桥梁引坡≤4%。人行道纵坡以≤5%为宜，>8%行走费力，宜采用踏级。交叉口纵坡≤2%，并保证主要交通平顺。

③ 广场、停车场

广场坡度以≥0.3%，≤3%为宜，0.5%～1.5%最佳；儿童游戏场坡度0.3%～2.5%；停车场坡度0.2%～0.5%；运动场坡度0.2%～0.5%。

④ 草坪、休息绿地

草坪、休息绿地坡度最小0.3%，最大10%。

地形设计中坡值的取用见表1.1。

（2）充分利用地形，减少土方工程量

设计应尽量结合自然地形，减少土、石方工程量。填方、挖方一般应考虑就地平衡，缩短运距。力求使场地土方工程总量最小，避免深挖高填，减少挡土墙、护坡和建筑基础工程量。附近有土源或余方有用处时，可不必过于强调填、挖方平衡，一般情况土方宁多勿缺，多挖少填；石方则应少挖为宜。

（3）解决场地排水问题

场地各组成部分的设计地形和坡度要适合污水、雨水的排水组织和要求，避免出现凹地。对于因各部分标高不同产生的不同坡面的地表径流要合理疏导，将其引向通路和排水渠。场地中大面积用地的坡面上应设截流沟，引导大量地面径流顺畅排出，地形条件限制难以达到时应做锯齿形街沟排水。

一般规定无铺装地面的最小排水坡度为1%，而铺装地面则为5‰，但这只是参考限值，具体设计还要根据土壤性质和汇水区的大小、植被情况等因素而定。道路纵坡不小于0.3%，建筑室内地坪标高应保证在沉降后仍高出室外地坪15～30 cm。室外地坪纵坡不得小于0.3%，并且不得坡向建筑墙脚。

（4）便利施工，符合工程技术经济要求

挖土地段宜作建筑基地，填方地段作绿地、场地、道路较合适。岩石、砾石地段应避免或减少挖方，垃圾、淤泥需挖除。人工平整场地，竖向设计应尽量结合地形，减少土方工程量，采用大型机械施工平整场地时，地形设计不宜起伏多变，以免施工不便。

（5）满足工程建设与使用的地质、水文等条件

充分考虑场地的工程地质、水文地质条件，满足工程建设的有关要求，避免不良地质构造（如滑坡、断层、溶洞、崩塌等）的不利影响，采取适当的防护措施，注意水土保持和环境保护。

（6）满足建筑基础埋深、工程管线敷设的要求

保证建、构筑物的基础和工程管线有合理适宜的埋设深度。统筹安排场地内各种管线（道）的布置和交会时合理的高程关系，以及它们与地面上的建、构筑物或场地内植物等的关系。

1.2.2 竖向设计的步骤和内容

景观工程竖向设计是一项细致而烦琐的工作，设计和调整、修改的工作量都很大，设计时应遵循科学合理的程序和步骤。

（1）收集、核实相关基础资料

要全面收集、了解、熟悉各种现状资料，主要包括工程用地及附近地区的地形图，当地水文地质、气象、土壤、植物等的现状和历史资料，市政建设及其地下管线资料；景观规划设计方案及所依据的基础资料；所在地区的景观施工技术水平与施工机械化程度等方面的参考材料。在掌握上述资料的基础上，通过现场踏勘与调研对资料进行核实，差异处要进行补测和修正。记录保留和利用的地形、水体、建筑、文物古迹和古树名木等，核实地形现状中地面水的汇集规律和集中排放方向及位置，城市管线（道）与场地的接口位置等情况。

（2）总体竖向布局

实际上从景观设计的初步构思阶段，就应该包含有对于地形设计和竖向布置的考虑。总体竖向布局是基于对环境和场地地形的充分研究、分析，

结合场地的功能组织、结构布局、交通系统、绿化布置、建筑物设计、构筑物设计及辅助设施的安排等，总体初步拟订场地的竖向处理方案和排水的组织方式，作出有机的统一安排。

（3）场地的具体竖向布置方案

① 景观设计的方案初步确定后，在场地总体竖向布局的基础上，深入进行场地的竖向高程设计，明确表达设计地形，正确处理各高程控制点的关系。

② 根据场地内排水组织的要求，设计地形坡向，确定分水岭（线）、排水区域、集水线和水流方向，定出地面排水的组织计划，要求能够迅速排除地面雨水。

③ 根据场地周边道路的纵、横断面设计所提供的工程技术资料及地形、排水和交通要求，确定场地内道路合理的纵坡度、坡长，定出主要控制点（交叉点、转折点、变坡点）的设计标高，应与周边道路高程合理衔接。

④ 拟订建筑室内外标高，合理安排建筑、道路和室外场地之间的高差关系，具体确定建筑物的室内地坪及四角标高。

⑤ 根据设计和功能要求，确定各活动场地的设计标高和场地间高程的衔接，确定景观各组成部分的竖向布置。在场地边界，尽可能保证场地内、外地面高程的自然衔接，令设计等高线与用地边界的等高程点平滑连接。或以边坡、挡土墙等设施加以处理，保证场地雨水不会无组织向周围场地排除。

此外，方案还包括场地竖向的细部处理，如边坡、挡土墙、台阶、排水明沟等的设计；在地形复杂、高差大的地段，还应设置排洪沟，并注明排洪沟的位置及排水方向；确定集水井位置、井底标高及与城市管道衔接处的标高等。

设计地形的等高线和标高要尽可能地接近自然地面以减少土方量。根据原始地形图和设计等高线计算土方量，若土方量过大，或填、挖方不平衡而土源或弃土困难，或超过经济技术指标要求时，则应调整修改竖向设计，使土方量接近平衡。

1.2.3 竖向设计的基本表达方法

竖向设计应是总体设计的组成部分，需要与总体设计同时进行。在中小型景观工程中，竖向设计一般可以结合在总平面图中表达。但是地形较复杂或者工程规模较大时，在总平面图上就不易表达清楚，要单独绘制景观竖向设计图。竖向设计图的基本表达方法有三种：高程箭头法、纵横断面法和设计等高线法。

（1）高程箭头法

高程箭头法又称设计标高法、流水向分析法，即用设计标高点和箭头来表示控制点的标高、坡面坡向和地面排水方向，表示出建、构筑物室内外标高，以及道路中心线、明沟的控制点和坡向并标明变坡点之间的距离，必要时可绘制断面示意图。

高程箭头法的特点是对地面坡向变化情况的表达比较直观，容易理解，从图中能快速地判断所设计地段与自然地形的关系。设计工作量较小，图纸易于修改和变动，绘制图纸的过程比较快。其缺点则是对地形竖向变化的表达比较粗略，在确定标高的时候要有综合处理竖向关系的工作经验（图1.7）。如果涉及标高点标注较少，则容易造成一些部分的高程不明确，降低了准确性。因此，高程箭头法比较适于在景观竖向设计的初步方案阶段使用，也可在地貌变化复杂时，作为一种指导性的竖向设计方法。

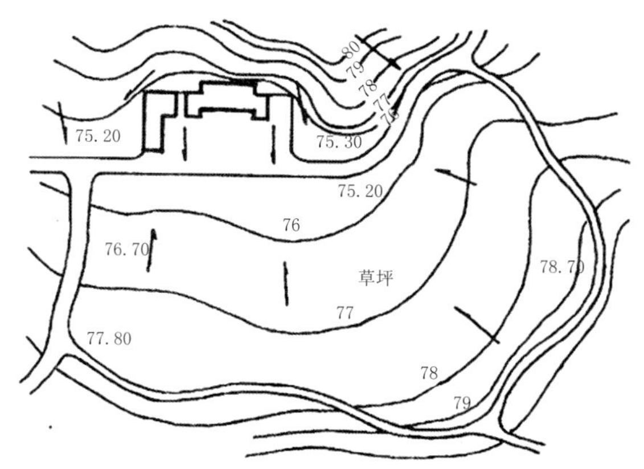

图1.7 用高程箭头法表示竖向地形

（2）纵横断面法

纵横断面法多是在地形复杂地区或需要做较精细设计时采用。

具体方法主要是首先根据设计地形的复杂程度和工程要求精度，以适当间距在场地总平面图上绘制方格网（精度越高方格网越小）；再根据原始地形图中的等高线，用内插法求出方格网点的原始标高，然后沿方格网以原始标高最低点为起点和基线分别绘制纵横断面图，形成场地原始地形的方格网立体图；再根据立体图所示原始地形情况，依据设计要求综合确定场地地面的设计坡度和方格网交点的设计标高，用同样的方法绘制出设计地形纵横断面图，其间需要通过细致的平衡、调整以确认设计标高和设计坡度的合理性，最终以确定的设计标高，在竖向设计成果图上抄注各方格网交点的设计标高，并按比例绘出竖向设计的地面线。

这种方法的优点是对场地的自然原始地形和设计地形体的形象概念，易于直观地对地形进行整理和改造，并可根据需要调整方格网密度，进而决定竖向设计的精度要求。而它的缺点则是工作量较大，设计所花费的时间比较多。

（3）设计等高线法

设计等高线法是景观设计中地形设计的主要方法，一般用于对整个场地进行竖向设计。它适用于地形变化不很复杂的丘陵、低山区。

设计等高线法是将地形设计的结果以设计等高线的形式反映到图纸中，与原地形的自然等高线对应，可在图中直观表示地形被改动的情况。绘图时，设计等高线用细实线绘制，自然等高线则用细虚线绘制。这种方法能够比较完整地将任何一个设计用地与原始的自然地形作比较，随时一目了然地判别出设计的地面或路面的挖填方情况（设计等高线低于原始等高线之处为挖方，高于原始等高线处则为填方，所填挖的范围也清晰地反映出来）（图1.8）。

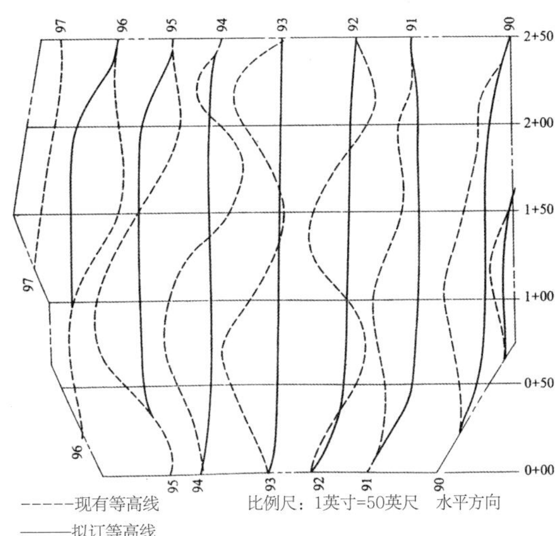

注：1英寸=2.54厘米

图1.8　用设计等高线法表示竖向地形

设计等高线法效率高，在判断场地或道路衔接处标高和用地高差关系上易于发现问题，能有效保证竖向设计的整体性、统一性。这种方法还可与场地总体布局同步进行，是设计者进行三度空间思维的一种有效的手段和科学的设计方法。

1.3　土方工程

在地形的竖向设计中，如何减少土方的工程量，节约投资和缩短工期，这对整个景观工程具有很重要的意义。因此，对土方施工工程量应该进行必要的计算，同时还须提高工作的效率，保证工程质量。

1.3.1　土方工程的基本术语

（1）竣工坡度

竣工坡度是所有景观开发工程结束后的最终坡度。它是草坪、移植床、铺面等的上表面，通常在修坡平面图上用等高线和点高程标出。

（2）地基

表面材料如表层土和铺面被放在地基上面。地基回填情况下的顶面和开挖情况下的底面代表地基。夯实地基指地基必须达到一个特定的密度，而不干扰地基是指地基土没有被开挖或没有任何形式上的变化。

（3）基层/底基层

基层/底基层是指填充的材料，通常放在铺面之下。

（4）开挖

开挖是指移走土的过程。拟建的等高线向上坡方向延伸，越过现有的等高线。

图1.9（a）标明现有的和拟建的等高线平面图。在拟建等高线向上方移动的地方出现开挖，而在它们向下方移动的地方出现回填。图1.9（b）断面图表示出从开挖变化到回填的地方和拟建地面回到现有地面的地方。这两种情况都称为无开挖和无回填。

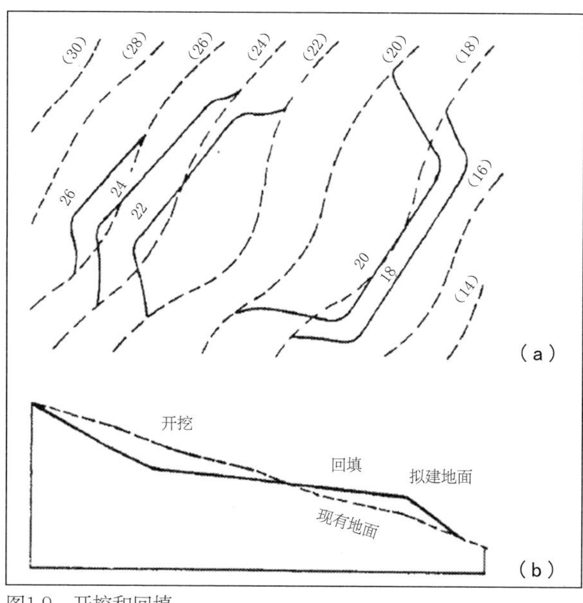

图1.9　开挖和回填

（5）回填

回填是指添加土的过程。拟建的等高线向下坡方向延伸，越过现有的等高线。当回填材料必须输入场地时，也经常称为借土。

（6）压实

压实是指在控制条件下土的压实，特别是指特定的含水量。

（7）表层土

表层土通常是指土壤断面的最上面一层，由于其有机含量很高，很易于分解，因此，对结构来说不是合适的地基材料。

1.3.2　土方工程量计算与平衡调配

（1）土方工程量的计算

土方工程中要尽量减少土方的施工量，节约投资和缩短工期，因此要对土方的挖填运输进行必要的计算，做到心中有数，以提高工作效率和保证工程质量。土方工程量计算反过来又可以修订设计图中不合理之处，使图纸更臻完善。土方量计算所得资料是建设投资预算和施工组织设计等项目的重要依据。

土方量的计算工作，就其要求精确度不同，可分为估算和计算两种，在规划阶段，土方计算无须过分精细，只作估算即可。而在作施工图时，土方量的计算精度要求较高。

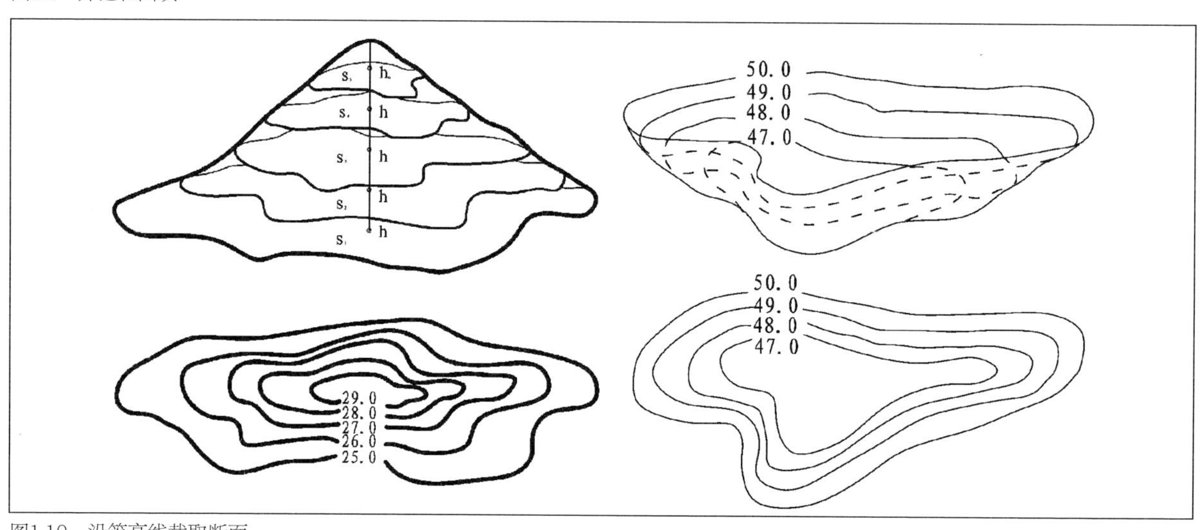

图1.10　沿等高线截取断面

计算土方体积的方法很多，常用的大致可归为以下四类：用体积公式估算、断面法、等高面法及方格网法。

① 体积公式估算

土方工程当中，不管是原地形还是设计地形，经常会遇到一些类似锥体、棱台等几何形体的地形单体，如类似锥体的山丘、类似棱台的池塘等。这些地形单体的体积可采用相近的几何体公式进行计算。这种方法简易便捷，但精度较差，因此多用于规划阶段的估算。

② 断面法

断面法是用一组等距或不等距的互相平行的截面将要计算的地块、地形单体（如山、溪涧、池、岛等）和土方工程（如堤、沟、渠、路堤、路堑、带状山体等）分截成段，分别计算这些段的体积，再将这些段的体积加在一起，便可求得该计算对象的总土方量。因此，这种方法适用于计算长条形地形单体的土方量。用断面法计算土方量，其精度主要取决于截取的断面的数量，多则较精确，少则较粗。

③ 等高面法

等高面法最适于大面积的自然山水地形的土方计算。等高面法是沿等高线截取断面，等高距即为两相邻断面的高（图1.10）计算方法同断面法。

④ 方格网法

在建设过程中，地形改造除挖湖堆山外，还有许多大大小小用途不一的地坪、缓坡地需要进行平整，平整场地的工作是将原来高低不平、比较破碎的地形按设计要求整理成为平坦的、具有一定坡度的场地，如停车场、集散广场等。整理这类地形的土方计算最适宜用方格网法（图1.11）。

方格网法是把平整场地的设计工作和土方量计算工作结合在一起进行的。其工作程序是首先在附有等高线的施工现场地形图上作方格网，控制施工场地。方格网边长数值，取决于所求的计算精度和地形变化的复杂程度。在景观工程中，一般采用20~40 m。然后在地形图上用插入法求出各角点的原地形标高，或把方格网各角点测设到地面上测出各角点的标高，再依设计意图，如地面的形状、坡向、坡度值等，确定各角点的设计标高。最后通过比较原地形标高和设计标高求得施工标高进行土方计算。

在实际工作中计算土方量时，在考虑平衡的同时，更应重视在保证设计意图的基础上，如何尽可能地减少动土量和不必要的搬运。土方量的计算烦琐单调，特别对大面积场地的平整工程，计算量大，费时费力，且容易出差错。为了节约时间和减少差错，有时可参考专门的《土方量工程计算表》来计算土方量，既迅速又比较精确。

（2）土方的平衡与调配

土方平衡调配工作是土方规划设计的一项重要内容，其目的在于使土方运输量或土方成本为最低的条件下，确定填方区和挖方区土方的调配方向和数量，从而达到缩短工期和提高经济效益的目的。

土方的平衡与调配的步骤是：在计算出土方的施工标高、填方区和挖方区的面积、土方量的基础上，划分出土方调配区；计算各调配区的土方量、土方的平均运距；确定土方的最优调配方案；绘制出土方调配图。

进行土方平衡与调配，必须考虑工程和现场情况、工程的进度要求和土方施工方法以及分期分批施工工程的土方堆放和调运问题。经过全面研究，确定平衡调配的原则之后，才能着手进行土方的平衡与调配工作。土方的平衡与调配的原则如下：

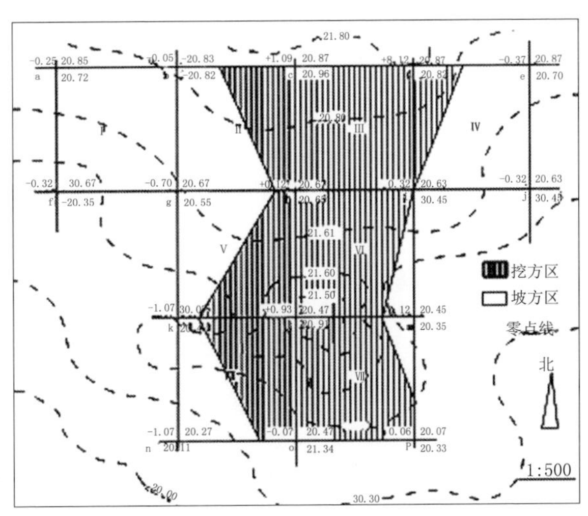

图1.11　T形广场的土方量计算

① 挖方与填方基本达到平衡，减少重复倒运。

② 挖（填）方量与运距的乘积之和尽可能为最小，即总土方运输量或运输费用最小。

③ 分区调配与全场调配相协调，避免只顾局部平衡，任意挖填，而破坏全局平衡。

④ 好土用在回填质量要求较高的地区，避免出现质量问题。

⑤ 调配应与地下构筑物的施工相结合，有地下设施的填土，应留土后填。

⑥ 选择恰当的调配方向、运输路线、施工顺序，避免土方运输出现对流和乱流现象，同时便于机具调配和机械化施工。

⑦ 取土或去土应尽量不占用绿地。

1.3.3 修坡工程的施工

（1）场地准备

对修坡工程而言，在进行场地准备时涉及以下五个方面：

① 计划保留的现有植被和结构的保护。

对于计划保留的树，应尽可能地避免在滴水线之内的任何干扰，这不仅是指开挖和回镇，而且也指材料的存放和设备的移动。

② 表层土的移走和储存。

表层土的移走，应该对场地进行勘察，以确定表层土的数量和质量是否适合存放；表层土应仅仅在施工区域被剥去，若合适的话，可以在场地上堆积起来以备使用；如果表层土要堆放很长一段时间，应该种上一年生的草以减少侵蚀损失。

③ 侵蚀和沉积控制。

临时的控制措施有：

A. 恰当地把雨水从受干扰区域引出。

B. 维持表面的稳定性。

C. 过滤、存储、收集沉积物等。

这些措施必须符合调整的需要和规范。

④ 清除和拆除。

对于有干扰的树和灌木以及任何可能在场地上发现的杂物应同样清除和拆除。

⑤ 布置坡度标桩。

坡度标桩表明了要完成拟订地基所需的开挖和回填量（图1.12）。

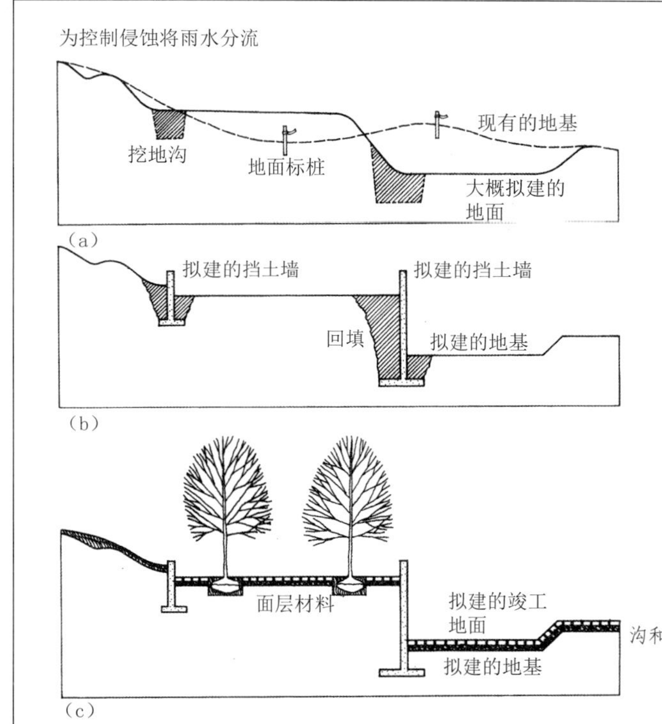

（a）粗略修坡是形成主要的土方形状和开挖的阶段

（b）在回填和精修坡阶段，回填所有的公用设施的地沟和结构，地基达到正确的标高

（c）在竣工修坡阶段布置全部的面层材料

图1.12 修坡的顺序

（2）大开挖

在大规模或初步的土方平整阶段，主要进行土方挖掘和成型工作。大开挖的范围取决于工程的规模和复杂性。大开挖包括基本地形和基脚的修整以及所有结构的基础开挖。

（3）回填和精整

在初步坡度已经完成，结构已经建造好后，就要进行精整工作，这包括回填建筑物开挖的部分。所有的回填材料必须正确压实，最大程度上减少将来的沉降问题，同时必须在不损坏公共设施和结构的方式下进行。最后一步是要确保土的形状和表面正确的成型，以及地基达到正确的标高。

（4）表面平整

为完成这项工程，必须铺设表面平整材料。通常是首先铺坚硬的表面，然后再铺表面土和铺面。因为表面土和铺面代表竣工材料，这些材料最后的坡度必须和修坡平面图上所示的拟建的竣工坡度（等高线和点高程）一致。

| 知识重点 |

1. 了解地形的意义和作用。
2. 掌握地形的基本知识。
3. 熟悉竖向设计的步骤和内容。
4. 掌握土方工程的基本术语。
5. 熟悉修坡工程的施工。

| 作业安排 |

1. 运用所学的地形基本知识，读出场地图上的地形信息。
2. 通过学习一案例，基本掌握场地竖向设计的方法。
3. 分析实际案例，阐述修坡工程的施工要点。

2　道路工程

景观工程里的道路体系主要承担交通组织的功能，满足各类运输的要求，为行人提供舒适、安全、方便的交通条件，联系场地各组成部分，展开动态序列、提供动态的体验。

图2.1　主干道

2.1　道路类型

（1）按主要用途分类

按主要用途，道路可分为车行道路、人车混行道路和人行道路。

（2）按重要性和级别分类

① 主要道路

主要道路又称主干道，是场地中起骨干主导作用的道路（图2.1）。例如，公园里联系和串联所有景区的主环路，居住小区内组织车行或承担组团间或公共空间与组团间联系的主要人行道路等。主要道路除满足必要的车辆通行外，更要担负对场地内活动的有序组织和引导。

图2.2　支路

② 次要道路

次要道路又称支路，是宽度次于主要道路，承担场地内各部分间必要联系的道路（图2.2）。例如，公园中的游览观景用道路，小区中的宅间道路等，一般设计为满足步行交通为主。

③ 小路

小路即散步或游览小道，其宽度一般仅供2~3人并肩甚至1人漫步（图2.3）。小路的布置很灵活，平地、坡地、山地、水边、草坪上、花坛群中、屋顶花园等处，都可以铺筑小路。

图2.3　小路

（3）按系统布局形式分类

① 套环式道路系统

由主要道路构成一个闭合的大型环路或一个8字形的双环路，再由很多的支路和小路从主路上分出，并且相互穿插连接与闭合，构成又一些较小的环路。环路之间环环相套，互通互连，少有尽端式道路，在使用中不走回头路。套环式道路系统是最能适应公共空间环境，并且在实践中也是得到最为广泛应用的一种道路系统。

② 条带式道路系统

主要道路呈条带状，始端和尽端各在一方，并不闭合成环；在主路的一侧或两侧，可以穿插一些支路和小路。只有支路和小路之间可以局部地闭合成环路。在地形狭长的场地上，如河滨公园等带状公共绿地中，采用条带式道路系统比较合适。条带式道路系统不能保证使用中不走回头路。

③ 树枝式园路系统

这种道路系统的平面形状，就像是有许多分枝的树枝一样，支路从主路上分出，再分出小路。支路和小路多数只能是尽端式道路，使用中可能要多次走回头路才能回到主路前行。例如，以山谷、河谷地形为主的风景区和市郊公园，主路布置在谷底，而由枝杈状分出的支路和小路连接山坡上的景点，游人到达景点之后，要原路返回到主路再向上行。从使用的角度看，这是效率较差的一种道路布局形式，只有在受地形限制时，才不得已而采用。

（4）按筑路形式分类

按筑路形式，常见的道路可分为以下五类：

① 平道。即在平坦场地中的道路，是大多数道路的修筑形式。

② 坡道。是在坡地上铺设的，纵坡度较大但不作阶梯状路面的道路。

③ 石梯磴道。坡度较陡的山地上所设阶梯状道路，称为磴道或梯道。

④ 栈道。建在绝壁陡坡、宽水窄岸处的半架空道路，就是栈道。

⑤ 廊道。由长廊、长花架覆盖路面的道路，都可称廊道，一般布置结合庭园布置。

2.2 道路设计

景观道路的设计要在规划设计的基础上，依据设计的路线、道路级别和功能要求进行详细设计；建立物理设计标准，如最小的平曲线半径、最大坡度、视线、断面设计等，完善拟建道路的使用类型，包括设计速率、车辆类型、估计的流量、方向等。在设计中，首先做好道路的平面设计，然后再进行横断面、纵断面的设计和道路结构及路面铺装设计。

2.2.1 道路设计准备工作

在道路工程技术设计之前，必须对选定路线的现场进行实地踏勘，熟悉设计基地地形及周围环境现状。在踏勘中一般需要做的工作如下：

① 了解基地的现状，对照地形图核对地形，测绘、记载地形有变化的地方。

② 了解基地的土壤、地质和建筑物、构筑物、水体、植物的基本情况，特别要注意对现状中名木古树的调查了解，标注现有古树大树的具体位置。

③ 了解基地内地上地下的管线分布及走向，分析其与道路设计的关系。

④ 了解基地道路的走向、级别、宽度、交通特点，以及出入口与基地外道路连接处的标高情况，等等。

2.2.2 道路平面设计

道路平面设计包括划定道路中心线，选择确定平曲线及相关参数，编排路线桩号，确定道路边界线（红线），以及绘制道路平面图等。

道路的平面位置是由道路的起讫点及中间控制点之间连成的折线决定的。但为了通行安全及平顺（特别是有机动车通行功能要求的道路），在折线的转折处会以曲线连接，即道路的平面线形是由直线和曲线组成的。

在道路设计中连接道路转折处的曲线一般使用圆曲线，确定道路中心线的圆曲线的半径，即是常说的平曲线半径。圆曲线的基本形式和各要素之间

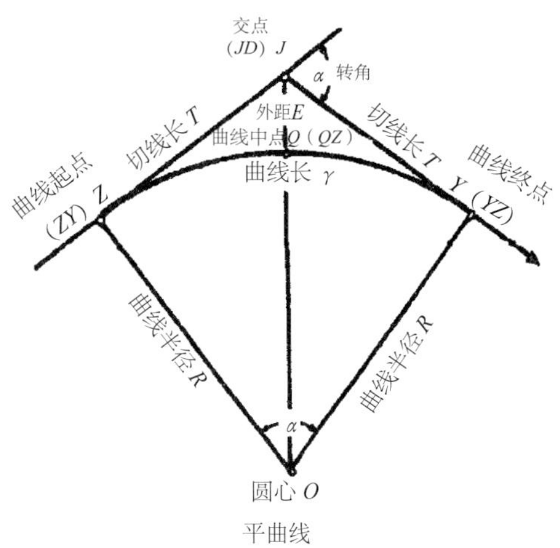

图2.4　圆曲线的基本形式和各要素之间的关系

的关系为（图2.4）：

$$T=R\times\tan\frac{\alpha}{2}$$

$$E=R\times[(\cos\frac{\alpha}{2})^{-1}-1]$$

$$R=T\times\cot\frac{\alpha}{2}$$

$$r=\frac{\pi}{180}\times R\times\alpha$$

由图2.4可知，在直线的平面位置确定后，转角已成定值，如给定曲线半径，则可计算出其他各项要素。平曲线半径与设计行车速度、车辆行驶稳定度、舒适度、经济性及地形条件等因素有关。

道路水平定线的步骤一般为：先根据场地分析和方案设计确定拟建道路的最佳位置，即理想路径，再沿理想路径画出道路中心线并选好控制点，定好交点，设计平曲线并确定相关参数。

2.2.3　道路纵断面设计

道路纵断面设计包括设计道路中心线地面的高程线、确定道路纵坡竖向曲线、计算填挖高度、标定构筑物及各控制点的高程、绘制园路纵断面图等。

道路纵断面是指沿道路中心线竖向剖切的展开面，表示道路中线纵坡设计标高的线称为设计线，其各点标高为设计标高。纵断面设计的主要内容是根据道路交通要求、当地气候和地形等自然条件、排水要求等合理确定道路纵断面设计线的坡度、坡长、坡道连接处满足（行车）技术要求的竖曲线等。

（1）纵断面设计要求

道路纵断面要求线形平顺，保证通行安全、迅速；力求设计线与原地面线相接近，以减少路基土石方工程量，当地形起伏较大时，适当拉平设计线以消除过大纵坡与过多变坡，并做到土石方平衡；道路上的排水设施（雨水管线或边沟）能保证两侧场地的排水要求；道路设计线纵坡及标高的确定，应综合考虑重力自流管线的纵坡要求，满足综合布线的要求，并保证各类管线的最小覆土深度；与平面线形配合，合理确定各竖向控制点的标高。

（2）道路的最大纵坡

道路允许的最大设计纵坡，要考虑行车技术要求、工程经济等因素，还必须根据道路类型、交通性质、自然环境及地下管线敷设等的要求，拟订相应的技术标准。当道路纵坡较大时，为避免长距离上、下坡引起的交通不利情况，应对坡长加以限制，当纵坡过大有超过限制坡长时，应设置不大于3%的缓坡段并满足相应坡长的要求。

道路最大纵坡坡度参考值可参见表2.1，道路纵坡与限制坡长见表2.2。

（3）道路的最小纵坡

道路的最小纵坡是指能适应路面上自然降水的排除而不致造成地下雨（污）水等的淤塞的最小纵向坡度值。这一坡度值与当地预计降水量大小、降水强度、路面类型及排水管直径大小有关，一般为0.3%～0.5%。在平原地区，受原始地形坡度的制约，当道路纵坡难以满足最小坡度要求时，可采取

表2.1　道路最大纵坡参考值

城市道路	设计车速/km·h^{-1}	最大纵坡/%	场地道路	设计车速/km·h^{-1}	最大纵坡/1%
交通干道	40~80	3~4	主干道	15~25	6~8
一般干道	30~40	4~6	次干道	10~20	8~9
支　路	20~25	7~8	支路及车间引道	5~10	9~11

表2.2 道路纵坡与限制坡长

道路纵坡/%	限制坡长/m		道路纵坡/%	限制坡长/m	
	城市道路	场地道路		城市道路	场地道路
5~6	500~600	800	8~9	—	150
6~7	400	500	9~10	—	100
7~8	300	300	10~11	—	80

表2.3 非机动车道的限制纵坡长度

纵坡/%	2.5	3.0	3.5	4.0	≤5.0
限制坡长/m	300	200	150	100	≥60

平坡与锯齿街（边）沟相结合的方式解决雨水排除问题。

根据路面类型不同的纵坡限制见表2.3。

（4）道路竖曲线及其最小半径

为使道路线形平顺、行车平稳、避免司机视线受阻，必须在道路竖向转坡点处设置平滑的竖曲线将相邻直线段衔接起来。我国常采用的是圆形竖曲线。

竖曲线相关要素为R（竖曲线半径）、T（曲线的切线长）和E（竖曲线的外矢距）（图2.5）。

当场地内道路纵坡变坡处两相接路段坡度代数差大于2%时，一般凸形竖曲线半径可采用100～300 m，凹形竖曲线可采用50～100 m。当场地内道路坡度较大时，应设竖曲线缓冲段与城市道路相连。

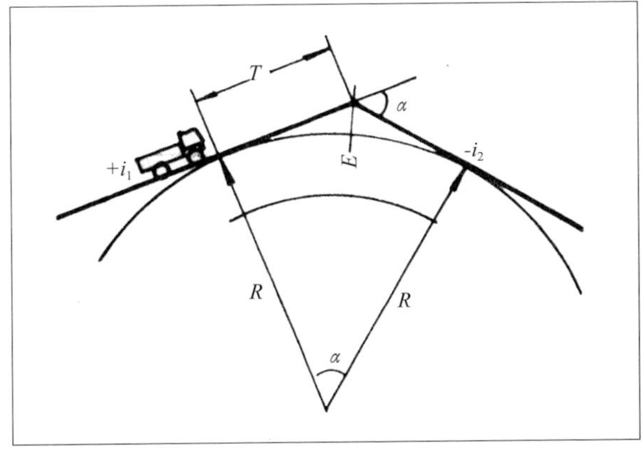

图2.5 竖曲线

2.2.4 道路横断面设计

沿着道路宽度方向垂直于园路中心线所作的竖向截面就是园路的横断面。道路横断面设计对行车、行走游览、路景和排水具有很大的影响，因此需要综合各方面的情况和条件，统筹安排，解决好道路与环境、道路与路旁景物和道路与路上路下各种管线杆柱之间的矛盾。园路横断面反映了道路在横向上的组成情况、各部分的宽度构成以及相互之间的位置与高差、路拱及道路横坡、地上地下管线位置等情况。横断面设计的内容主要有：选择合适的道路横断面形式，确定合理的路拱横坡，综合解决道路与照明、管线、绿化及其他附属设施之间的矛盾，绘制园路横断面设计图。

（1）横断面设计形式选择

道路的横断面可分为城市型和公路型两类。

① 公路型道路

在一般民用场地中应用不多，适宜道路密度小，起伏度大，对路景要求不是特别高的地方。道路两侧一般不设路缘石，而是设置有一定宽度的路肩来保护路面，路边采用排水明沟排除雨水，路面一般略高于两侧用地。

② 城市型道路

用于道路较密集，行人流量较大，路景要求较高的地方，如绿化街道、小游园道路、林荫道等。城市型道路一般以凸出的路缘石保护路面；路面雨水通过路边的雨水口排入由地下暗管或暗沟组成的排水系统，路面略低于两侧建筑和场地，路面横坡多采用双坡。

（2）道路宽度

① 机动车道

供各种机动车辆行驶的道路，也称车行道。按照我国城市交通管理规则的规定，限制车速行驶的车行道宽度一般为3.5 m，则双车道道路宽度为6.0～7.5 m，三车道道路宽度为10.0～11.0 m，四车道道路宽度为13.0～15.0 m。一般民用场地交通量不大时，双向车道数两条为宜，通常不超过4条。一般双向车道数相等，总数多是偶数。

② 非机动车道

非机动车道主要考虑自行车的使用。在车行道两侧，自行车单车道宽1.5 m、双车道宽2.5 m、三车道宽3.5 m（以此类推）；场地内单独设置的非机动车道的基本宽度，可推荐为4.0 m（或3.5 m），5.0 m（或4.5 m），6.5 m（或6.0 m），8.0 m（或7.5 m）。

③ 人行道

人行道是为满足人步行通行和通行安全而设置的，一种为设置于车行道两侧或一侧与车行道分隔开的人行道，另一种为没有车辆通行要求而专为行人设置的独立的人行道。人行道的宽度决定于行人的交通量、行人性质、行进速度、通畅水平等，还包括行人交通以外所必需的空间，如地上杆柱以及绿化带的宽度等。通常一条步行带的宽度为0.5 m，一般人行道不应小于两条步行带宽度。设在道路一侧或两侧的人行道，其最小宽度（含行道树）为1.5 m，独立设置的人行道，其最小宽度可为1.0 m，当人行道的宽度大于1.0 m时，则可按0.5 m的倍数递增。

（3）道路横坡与路拱

为了使雨水能迅速地流出路面，通过雨水暗管或排水明沟顺利排除，道路的主体部分路面要设计为有一定的横坡。道路在横向单位长度内升高或降

表2.4　各种类型路面的纵横坡度表

路面类型	纵　坡 / %			横　坡 / %		
	最　小	最　大		特　殊	最　小	最　大
		游览大道	园　路			
水泥混凝土路面	3	60	70	100	1.5	2.5
沥青混凝土路面	3	50	60	100	1.5	2.5
块石、炼砖路面	4	60	80	110	2	3
拳石、卵石路面	5	70	80	70	3	4
粒料路面	5	60	80	80	2.5	3.5
改善土路路面	5	60	60	80	2.5	4
游步小道	3	—	80	—	1.5	3
自行车道	—	30	—	—	1.5	2
广场、停车场	3	60	70	100	1.5	2.5
特别停车场	3	60	70	100	0.5	1

注：路肩横坡应比路面横坡大1%~2%。

低的数值，称为它的横坡（i）。道路的横坡通常用% 或小数值来表示。

车行道由于宽度较大，为尽快排除地面水，一般都采用双向坡面。由道路中心线向两侧倾斜，道路横断面的路面线，就常常呈现拱形、斜线形等形状，这就是人们所说的路拱。拱顶到沟底的高度称为路拱矢高或路拱高度。路拱的设计，主要就是确定道路的横坡坡度及横断路面线的线型。

路拱横坡坡度参考值可参见表2.4。

道路路拱基本设计形式有抛物线型、折线型和直线型三种。

1）抛物线形路拱

路拱上各点横坡度是逐渐变化的，比较圆顺，横坡度变化率从拱顶到拱底逐渐加大，车行道宽度越大，到路两侧的路拱起坡越大，利于排水。抛物线形路拱形式美观，应用较广，特别适合于四车道及其以下宽度的道路（图2.6 a）。

2）直线形路拱

路拱是由两条直线相交而成，直线的横坡度等于车行道的横坡度。这种路拱中部呈屋脊形，行车不便，因此通常在直线间插入缓和直线、圆曲线或抛物线。其缺点是排水不及抛物线形路拱流畅。直线形路拱常在车行道较宽路段采用（图2.6 b、c）。

3）折线形路拱

折线形路拱是由两组横坡度不同的线段组成，兼有抛物线形路拱和直线形路拱的特点，其缺点是转折点处有尖峰凸起不利于行车，要通过尽量减少相邻直线段的坡度差或施工中碾压平顺的方法来弥补。一般高级路面宽度超过20 m的可采用（图2.6 d）。

此外，在地形适宜、宽度不大于9 m的车行道上也可采用单向横坡的形式。为了消除车辆在弯道外侧行驶的不利状况，一般设计曲线路段车行道的路拱时，多将路面外侧路拱适当抬高，使路面横坡成为向弯道内侧单向倾斜的断面，这种措施称为超高。

人行道横坡通常采用直线形向路缘石方向倾斜，为利于排水同时避免行人因坡度大而滑倒，考虑地面材料和降雨强度的不同，其横坡可为1%～3%，一般取值1%～2%。

2.2.5　道路平面交叉设计

各相交道路中心线在同一高程相交的道口为平面交叉口，其形式取决于场地道路系统布局、交通流量与道路性质、交通组织方式等。在设计中，应尽量减少相交道路的条数，避免通行中的拥塞现象；道路相交时，除山地陡坡地形之外，一般均应尽量采取正相交方式，斜相交时，斜交角度应呈锐角，其角度也要尽量不小于60°，锐角部分还应采用足够的转弯半径，设计为圆形的转角；在路口设计或路口的绿化设计中，要按照路口视距三角形关系，留足安全视距，如图2.7所示。

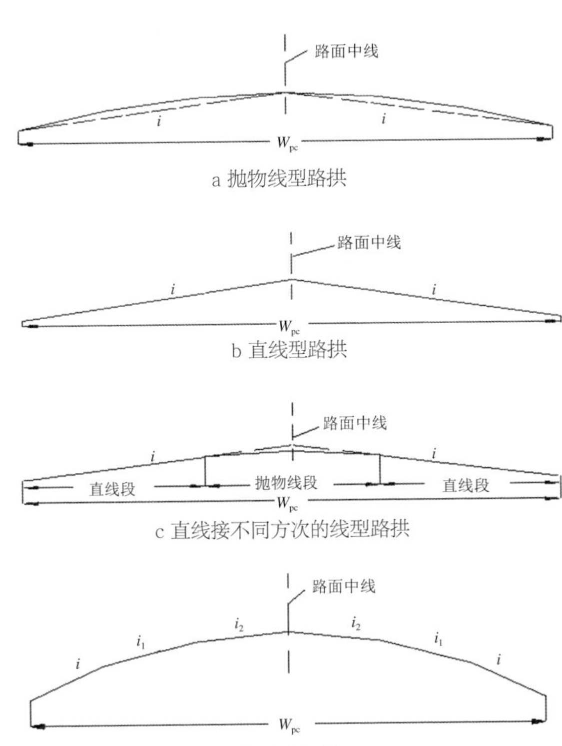

图2.6　道路路拱的基本设计形式

2.2.6　道路的结构设计

从构造上看，道路是由路基和路面两部分构成的。在不同的地方，路基的情况有所不同，路面的进一步构成也有较大的差别。

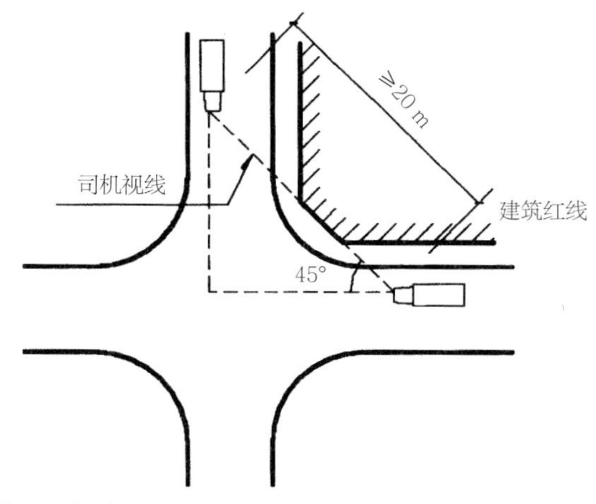

图2.7　路口视距三角形关系

（1）路基设计

道路路基的设计必须根据道路使用功能的要求，保证足够的强度和稳定性，并结合当地地质、水文、气候等自然条件，满足有关防洪、排水的要求，合理确定其标高（应在设计洪水位0.5 m以上），并与场地竖向布置相适应。

场地道路路基主要有三种，即填土路基（路堤式）、挖土路基（路堑式）和半挖半填路基，如图2.8所示。

① 填土路基

填土路基是在比较低洼的场地上，填筑土方或石方做成的路基。这种路基一般都高于两旁场地的地坪，因此也常常被称为路堤。园林中的湖堤道路、洼地车道等，有采用路堤式路基的。

② 挖土路基

挖土路基是沿着路线挖方后，其基面标高低于两侧地坪，如同沟堑一样的路基，又被称为路堑。当道路纵坡过大时，采用路堑式路基可以减小纵坡。在这种路基上，人、车所产生的噪声对环境影响较小，其消声减噪的作用十分明显。

③ 半挖半填路基

在山坡地形条件下，多见采用挖高处填低处的方式筑成半挖半填土路基。这种路基上，道路两侧是一侧屏蔽另一侧开敞，施工上也容易做到土石方工程量的平衡。

（2）路面设计

路面是用坚硬材料铺设在路基上的一层或多层的道路结构部分。路面应当具有较好的耐压、耐磨和抗风化性能；要做得平整、通顺，能方便行人或行车；作为景观道路，还要特别具有美观、别致和行走舒适的特点。

① 路面分类

按照路面在荷载作用下工作特性及设计理论依据的不同，可以把路面分为刚性路面和柔性路面两类。柔性路面包括沥青（渣油）路面、土或水及其他材料综合处理的粒料路面、块料铺砌路面等，刚性路面则主要指水泥混凝土路面。

② 路面结构形式

从横断面上看，道路路面有不同的结构层次，其结构层次随道路级别、功能的不同而有一些区别。路面结构层的组合，应根据园路的实际功能和道路级别灵活确定。路面结构有单层式和多层式两种。一般道路的路面部分，从下至上结构层次的分布顺序是垫层、基层、结合层和面层。一些简易的园路，路面可以不分垫层、基层和面层，而只做一层，这种路面结构可称为单层式结构。如果路面由

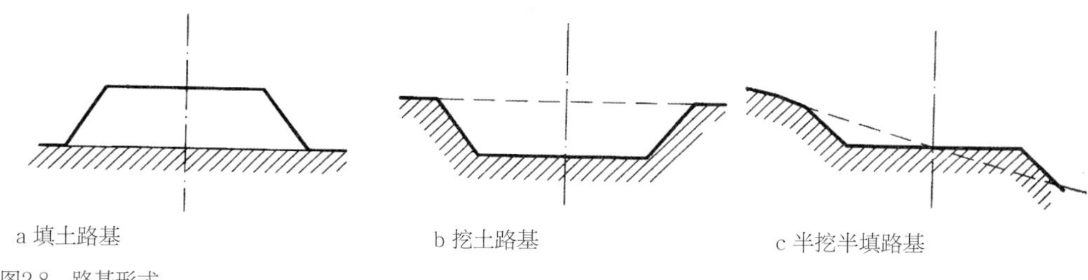

图2.8　路基形式

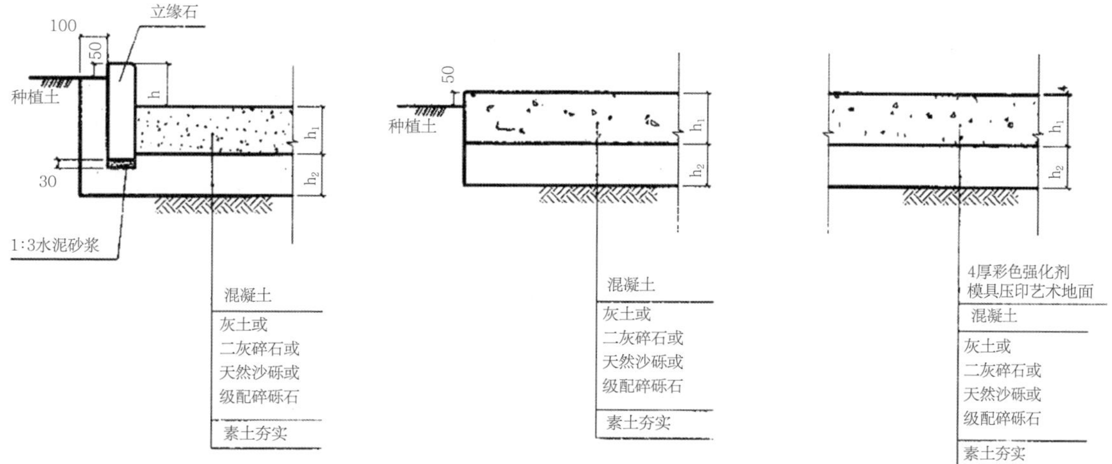

图2.9　路面结构形式

两个以上的结构层组成，则可称为多层式结构。各结构层之间，应当结合良好，整体性强，具有最稳定的组合状态。结构层材料的强度一般应从上而下逐层减小，但各层的厚度却应从上而下逐层增厚。

路面结构形式、分层厚度、材料选择及其结构组合等的设计，还应本着节约投资、就近取材的原则，考虑材料供应及施工条件等因素综合确定。

路面结构形式如图2.9所示。

2.3　道路施工

道路施工一般都是结合着场地总平面施工一起进行的。道路工程的重点在于控制好施工面的高程，并注意与场地其他部分的有关高程相协调。在施工中，道路路基和路面基层的处理只要达到设计要求的牢固性和稳定性即可，而路面面层的铺装，则要更加精细，更加强调质量方面的要求。

（1）施工准备

根据设计图，核对地面施工区域，确认施工程序、施工方法和工程量。勘察、清理施工现场，确认和标示地下埋设物。

（2）材料准备

确认和准备路基加固材料、路面垫层、基层材料和路面面层材料，包括碎石、块石、石灰、沙、水泥或设计所规定的预制砌块、饰面材料等。材料的规格、质量、数量以及临时堆放位置都要确定下来。

（3）道路放线

将设计图标示的园路中心线上各编号里程桩，测设到相应的地面位置，用长30~40 cm的小木桩垂直钉位，并写明桩号。钉好的各中心桩之间的连线，即为道路的中心线。再以中心桩为准，根据路面宽度钉上边线桩，最后可放出道路的路线和边线。

（4）地基施工

首先确定路基作业使用的机械及其进入现场的日期，重新确认水准点，调整路基表面高程与其他高程的关系；然后进行路基的填挖、整平、碾压作业。

（5）垫层施工

运入垫层材料，将灰土、沙石按比例混合；进行垫层材料的铺垫、刮平和碾压。

（6）路面基层施工

确认路面基层的厚度与设计标高；运入基层材料，分层填筑。施工中的接缝应将上次施工完成的末端部分翻起来，与本次施工部分一起滚碾压实。

（7）面层施工准备

在完成的路面基层上，重新定点、放线，放

出路面的中心线及边线。设置整体现浇路面边线处的施工挡板，确定砌块路面的砌块行列数及拼装方式；面层材料运入现场。

| 知识重点 |

1. 了解各种道路类型及特征。
2. 掌握道路平面设计的方法。
3. 掌握道路纵断面设计。
4. 掌握道路横断面设计。
5. 熟悉道路施工的步骤及要点。

| 作业安排 |

1. 通过分析案例，根据已知条件做出一道路的平面设计。
2. 参照道路施工图，了解道路纵、横断面设计。

3　铺装工程

景观工程中的铺装工程是指景观中的道路、庭院及各种广场（包括文娱、体育活动场地、停车场等场地）等的地面铺装。地面铺装是指为满足交通和人们使用活动的需求，以硬质的自然或者人工的材料按一定的形式铺砌于室外空间的地面上，建成相对稳定持久的地表，具有耐损防滑、防尘排水、容易管理的性能，并以其导向性和装饰性的地面景观服务于整体环境，其作为外部空间的一个重要界面，不仅满足使用者的功能需要，而且成为景观的一部分。

3.1　铺装的功能与作用

（1）提供高频率的使用

提供高频率的使用是铺装最显著的使用功能（图3.1）。铺装地面能承受车辆或人行带来的强压力和长久而大量的踩踏磨损，保护地面不直接受到损害，不会带来土壤表层的损伤，阻止光秃土地上的冲蚀和尘土。

（2）划分、组织空间

地面铺装虽然只是地表要素，也同样可通过铺装形式的变化形成心理暗示，构成空间领域的界定（图3.2）。可以利用铺装的变化暗示空间性质、使用功能以及空间特性等的转换和改变，从而起到组织空间的作用。

（3）组织交通和导游

带状或者线性的铺装暗示了一定的方向性，引导车辆和行人的行进方向（图3.3）。建立空间序列，有形地将不同空间以行人导向联系在一起。还可通过铺装的特征，如材料差异、尺度大小、间隔距离等的变化暗示游览的速度和节奏，微妙地影响游览的感受。线性的铺装还在行进中提供了连续不同的视点，步移景异。

（4）提供活动场地和休息场所

当铺装地面以相对较大，并且无方向性的形式出现时，会暗示出静态和停留感，无方向性和稳定性适用于停留点和休息地。

（5）构成空间个性

不同的铺装材料和图案造型能形成和增强不同的空间感，构成空间个性（图3.5），如细腻感、粗犷感、宁静感、喧闹感、城市感、乡野感等。因此在设计中，要对应于空间所需的情感特性来作铺装材料的选取。

（6）创造视觉趣味

独特的铺装图案能够产生趣味性（图3.6）。铺装在地面上展开的视觉特性对于设计的趣味性起着重要的作用，在有些设计中甚至以观赏性作为主导。

（7）背景作用

在景观中，铺装还可作为其他引人注目的景物的中性背景（图3.7），为焦点景物提供布局安置的基础。铺装作为背景时，应选取简单朴素的材料和中性的质地和图案，避免喧宾夺主。

（8）统一作用

铺装地面有统一协调设计的作用（图3.8）。铺装是能够令其他设计要素与空间联系起来的公共要素，共同的铺装能将复杂的建筑群和相关联的室外空间从视觉上统一起来，相互之间成为整体。

图3.1　提供高频率的使用

图3.2　划分、组织空间

图3.3　组织交通和导游

图3.4　提供活动场地和休息场所

图3.5　构成空间个性

图3.6　创造视觉趣味

图3.7　背景作用

图3.8　统一作用

3.2 铺装设计

从铺装的功能可以看出，除最基本的功能和耐用性以外，其材料、色彩、形态、质感、创意等都是设计中重要的方面。因此，针对大量繁杂的设计素材和多样的施工技术、工艺进行合理科学的认识和分类就非常必要了。

铺装的分类可以分别依据功能、材料和施工工艺进行。

3.2.1 功能性要求

铺装功能性的要求主要包括表面的抗滑性、由硬度决定的步行舒适性和透水性等。

（1）光滑性

由材料的表面处理分为易滑性和不滑性。太滑的路面危险性较大，因此通常状况下会有追求较大抗滑性的倾向，而极不光滑的路面又易使人疲劳，因此要根据特定场所合理配置。抗滑性还会因所处干燥状态或湿润状态有所不同。

（2）硬度

步行的舒适程度与铺装体对双足的冲击度不同有很大区别，垂直方向的冲击则主要是由铺装材料的硬度（弹性）决定的。从材料相对的弹性的大小，可分为硬质和软质。

（3）透水性

铺装的排水可分为表面排水和浸透排水两种情况。表面排水是通过地表有组织地排水；而浸透式排水是通过透水性铺装来实现，雨水直接浸入地下，这有利于地下水的回复和缓解城市下水系统的压力。从这个层面上来看，可分为透水性和非透水性，是由铺装材料和结构决定的。

3.2.2 铺装材料

铺装材料依据特性可分为三类：松软铺装材料、块料铺装材料和黏性铺装材料。

（1）松软铺装材料

流体铺装材料，如细小颗粒的砾石或其他变异材料，呈散碎状，可以有不同的形状、大小和色彩。松软铺装材料疏松、粗糙，通常用于非正式场合和有乡野情趣的环境中，适用于任何形状和自然地面形态。其最大的优点是透水性，有助于补充地下水和提供植物所需水分；其缺点是不稳定性，会导致易变形和行走困难。松软铺装材料铺装的效果如图3.9所示。

（2）块料铺装材料

各种天然或人工的块状铺装材料，是种类最多、应用最广泛的材料种类。

① 石块

石块是经由人们采掘加工的天然的材料，源于众多的地质起源，具有大小、形状、色彩等的变化。石材由于自身的强度，具有承重压和耐磨损的特性，虽然材料贵且施工劳动强度大，却是铺装材料中的重要角色。

从地质起源来看，石材可分为沉积岩、变质岩和火成岩。

a. 沉积岩。沉积岩是因物质长期积存在水底底层，许多细小的颗粒由于地壳作用受外界的压力固化而形成。与其他类型的石材相比，沉积岩多气孔、硬度低，因而极易加工，但在强作用力下易损坏，时间长也易风化或是去光泽。其中，沙岩和石灰岩适合于作铺装材料。

b. 变质岩。变质岩是经过强大压力作用转变而成的岩石，因此极其坚硬耐用。大理石就是一种变质岩，这种材料质量大，且相对昂贵又难以加工，因此常在一些重要的地方使用。

c. 火成岩。火成岩是一种由地热融化的物质冷却后形成的岩石，在强度和坚固耐用方面和变质岩相似。花岗岩就是一种火成岩，是一种强度大、耐磨性好而常用的铺装材料。对于需要承受强作用力、耐磨损的地面，或易受风化的地区，是理想的铺装材料。

天然的石材根据产生的地区或方式的不同，又可分为以下几类：

a. 天然散石。这类石块通常以单体的形式出现在地面或接近地面，常来源于大型基岩或其他大岩石的碎块，大小和形状不规则，表面粗糙。因为不规则，在使用中需要精心选择才能相互吻合，这种石块通常用于非正式和需要展现自然特性的空间中（图3.10）。

b.卵石。是一种经过落水或流水冲蚀变得圆滑的石头，单个卵石的表面滑润，利用砂浆可使其黏结成一个聚合体，呈现出粗糙和引人注目的质地。卵石常用来表现非行走路面，提供触觉感。卵石因其和水的自然共生性也常用在水池池底或驳岸（图3.11）。

c.加工石材。是指被人工切割加工成的石料。天然的石材可根据需要人工加工成标准的尺寸供铺砌之用。加工石根据来源可获得各种形状、大小、色彩和质地。石板是加工石材中的薄型加工石，根据岩层加工分层呈板状，又可以分割成不用几何形状。石板是一种较光滑、匀称的材料，适用于很多场合。直角的石板适合规则的、正式的城市环境中，不规则形状和多边形则常用于非正规的乡野环境中。石板既可铺置于松软的基础上，也可置于坚实的基础上，可针对特定场所，根据使用目的和造价而定，松软的基础适用于非公共性和较轻度使用的人行场所。加工石材的方式可以令设计师将天然石材以无限制的方式广泛使用于室外环境中，并通过石材的天然特质来增强空间特性（图3.12）。

② 砖

砖不同于天然石材，它是由人工烧制而成的，是将泥土做成一定形状后放于窑中烧制而成。烧制温度越高，则成砖硬度越大。硬度低的砖不适于用作铺装材料。

砖料不如石料具有多样化，通常是用固定的形状和大小生产出的有固定模式的成品，因而能在设计中重复并大量地出现，标准砖呈长方体，尺寸为5.7 cm×9.5 cm×20 cm。但是从另一方面讲，砖的这种固定的模式也在某种程度上限制了它的灵活性，违反这种标准模式的形体需进行特殊的模制。砖料的另一显著特点是具有暖色调，还具有许多泥土色调，当与其他冷色调或者如混凝土等单调的色调组合在一起时，其固有的色彩能令室外空间增色。

砖的铺设形式与石料相似，可被铺在软基础上，如沙、灰土、小砾石等，也可铺在混凝土硬基础上。砖在室外环境中应用广泛，既可用在小型私家花园中（图3.13），也可用在大型城市公共广场中。

③ 花砖

花砖是一种与普通砖相似的铺装材料，也是像砖一样机制而成，被称为花砖，是因为它可有不同的形状，每一个模件形状都能与相邻的模件相连锁或衍结，环环相扣。花砖色彩丰富。

花砖在景观中的应用与普通砖和石块相同，除了色彩、质地、形状之外，其优于普通砖之处还在于对于车辆来说较坚固耐用，并且是一种密度极大的材料，虽然通常被铺设在软质基础上，仍能承受极大的质量（图3.14）。

④ 瓷砖

瓷砖也是一种人工材料，是由人工模压泥经过大于2 000° F的高温烧炼后形成的，这种砖是一种薄型材料，其厚度范围为1.2～1.6 cm。与一般砖料相比，瓷砖的密度和强度都较大，因而耐磨、耐冻、耐热，而且相对较轻，易于铺设。不过瓷砖铺设时需要结构支撑，因此必须安放在硬质基础上，属于装饰性铺装材料（图3.15）。

瓷砖的形状和颜色也是多种多样，并且可以有很多面层的不同处理，如抛光涂面等，可使设计师在处理铺地表面时有更多的色调选择。特别是在需要光滑、精细甚至光亮的室外空间中。不足之处是潮湿时可能变得易滑。

（3）黏性铺装材料

黏性铺装材料是因材料由许多细小成分构成，经过黏性材料或黏合剂的黏结而成为大面积的铺料而得名。

① 混凝土

混凝土是由水泥、沙及水混合凝固而成，因水泥和水之间产生化学反应，水合作用下生成黏合剂，从而将水泥粒料黏结在一起，可以在几个小时内变得坚固，这种硬化过程称为“混凝作用”。

混凝土作为铺装材料在应用中有两种方式，一

图3.9　松软铺装材料铺装的效果

图3.10　天然散石铺装的地面

图3.11　卵石铺装的路面

图3.12　加工石材铺装的路面

图3.13　砖在小型私家花园中的铺装

图3.14　花砖铺装的人行道

图3.15　瓷砖铺装的地面

图3.16　预制混凝土构件铺装的台阶

图3.17　沥青铺装的路面

种是现浇，指的是液态的混凝土在现场浇筑成所需具体形状；另一种是预制，即像砖的制造一样，预先浇筑成一定的形状和各种标准尺寸的构件，而不是在现场进行，预制混凝土构件的使用类似于砖。

与石料和砖相比，现场浇筑的混凝土具有适应不同形状的可塑性，初凝的混凝土还可以于其表面印制各种图案和喷刷涂料。混凝土是一种经久耐用的材料，能在承受长期强作用力的条件下使用，且造价低，施工周期短，无须过多的养护，因而被广泛使用（图3.16）。

混凝土铺装材料的不足之处其中之一是其有很强的光线反射率，夏季烈日下光线强烈反射带来耀眼和灼热令行人不舒适；第二是不透水，使路面雨水径流量增大；第三是因色彩单调、形式呆板、缺乏视觉情趣而显得比较不人性化，针对这一问题有时候可以通过在混凝土中加入色彩涂料来改善其外貌，或者将混凝土与其他材料如石头或砖结合增加色彩和质地的对比，或者于其表面印制图案、造型和色彩，增强观赏性。

② 沥青

沥青是第二种广泛应用于室外环境中的黏性铺装材料（图3.17）。沥青是由细小的石粒和原油为主要成分的沥青黏剂而构成，与混凝土不同，沥青是一种具有柔韧性的铺装材料，当有压力作用时，沥青会移动和折曲。

与混凝土一样，沥青具有可塑性，能适应于地面上的任何形态，既能适合规则的形状，也能适应自然的不固定的造型。沥青的施工比混凝土更简单和方便，但养护方面要相对复杂：为保护路面免受毁坏性磨损，需定期在路面覆盖沥青涂层；另外，沥青铺装的边缘易损坏。

沥青因其色彩和特征也呈现非人格化特性，也欠缺美感和观赏性，但因其颜色较深，较易与深色草坪或地被相协调。沥青也可以在凝固之前作表面图案和作色彩的处理。沥青通常会用在车行或要求不高的人行通道上，而不宜在精细的小空间或私密空间中使用。

3.2.3 铺装的施工方法

（1）喷刷施工法

喷刷施工法指在混凝土或沥青铺装的表面涂装彩色材料的施工，较多的是使用高分子材料。根据涂装材料的黏度不同分别有橡胶沉淀色料方法、泥瓦工抹子施工和喷涂机施工等方法。涂装施工造价低，但耐久性差。

（2）均匀平铺施工法

均匀平铺施工法指以沥青铺装为代表的摊铺碾压施工，即将沥青或者掺入其他人工骨料的与沥青性质相似的具有热可塑性的黏合料散布在均匀摊铺的基层上压实。另外，土、沙、砾石等松软材料的铺装也属此类。

（3）浇筑施工法

浇筑施工法是将具有流动性的材料通过浇筑完成铺装的方法，混凝土铺装是这种方法的代表。另外还有基于此的将未硬化的混凝土用水洗出粗骨料的水洗施工法。

混凝土施工中要做真缝和假缝的处理，真缝也就是伸缩缝，又称隔离缝，是为了避免路面的膨胀和收缩引起铺装结构的破坏而作的混凝土的垂直分隔，伸缩缝之间的最大间距为9 m，缝隙常用沥青或橡胶处理过的物质填充。假缝是在混凝土表面做的刻线，深一般仅为0.3~0.5 m，未将混凝土分断，假缝的作用相当于缓冲槽，以调节可能出现在路面的龟裂，伸缩缝一般相距16 cm。

（4）块状材料施工法

块状材料施工法指将块状铺装材料（厚度在6 cm以上）在不使用混凝土等刚性基层的情况下，铺置在弹性沙层上的施工方法。各板块间相互的挤压可以维持铺装的稳定，具有较大的挠度和耐久性，一定规格的石材、砖、预制混凝土块多运用这种方法。

（5）板状材料施工法

板状材料施工法指铺装面层为3~5 cm的平板状材料，需铺置在混凝土等刚性基层上，以2~3 cm的砂浆固定铺设的施工方法。常针对的材料为天然或加工石板、瓷砖等。材料间接缝宽度为5~10 mm，用水泥砂浆填充。

3.3 确定铺装材料的程序和标准

对铺装材料的基本要求是应具有一定的荷重强度并具有耐久性，在特定场地铺装设计时，还要根据功能要求、场地条件、与其他环境要素的关系等方面综合考虑来确定合适的铺装材料和施工方法。

3.3.1 确定铺装材料的程序

（1）明确功能定位

在进行铺装设计时，明确的定位是非常重要的。车行或者人行、行进速度、交通量、对使用方式的预测、主要使用者（如是否以儿童为主）、周边环境的影响等都是铺装功能定位的影响因素。在定位基础上作细致分析，得出具体功能和使用要求，确定设计荷载、铺装材料类型和必要厚度等。

（2）场地分析

对铺装场地的地形、地质、地下水位等进行详细的调查和实验，明确当地的气象条件和自然环境特点。

（3）选定铺装材料

基于设计创意理念的要求和前面的分析研究，选定铺装材料，明确材料的质感、形状、色彩、施工方法等，并确定与使用功能和铺装材料相适应的铺装断面结构。

3.3.2 确定铺装材料的标准

不同的功能和环境条件下对铺装的要求也有不同，例如，步行的道路对于强度的要求弱于车行或人车混行的道路，严寒的气候条件下就要考虑铺装材料的抗冻性等。因此，铺装材料的选取要针对不同用途和具体情况来确定标准。铺装材料的标准主要包括强度、耐久性和耐磨性、耐候性、步行性、安全性和施工强度等。

（1）强度

铺装材料的强度是指在承担荷载作用下抵抗永久变形和断裂的能力。铺装材料所需的强度大小取决于其需要支持的载重量。通常步行场地的强度不会有太大问题，特别需要留意的是步行场地中偶尔出现的载重量过大的车辆造成的路面受损，因此要在小规模交通使用的条件下考虑铺装的强度。路面受损的原因除了材料强度之外，也有可能是存在路床、基础施工的问题和铺装材料的不正确使用。

（2）耐久性和耐磨性

铺装材料的耐久性是指在正常使用的情况下材料能保证其经久耐用的能力。耐久性越好，材料的使用寿命越长。耐磨性指材料抵抗磨损的性能。铺装材料的耐久性取决于铺装地面的使用方式、所处的环境和预算情况等。检验耐久性最好的方法通过在与实际情况相似的环境条件下的使用持久时间来考察。耐磨性则与铺装面上的交通量有关。

（3）耐候性

铺装材料的耐候性是指其对表面因紫外线照射老化、褪色，或者冻融作用导致的材质变化等气象条件引发的物理、化学变化具有的抵抗作用。耐候性可用促进耐候性试验来检验，即人为施加光、热、水等气象条件促使材料发生变化，以此判定其耐候性。耐候性强的材料能够适应当地气候条件，保持材料原始的色彩、光泽，不出现材质的消极变化。

（4）步行性

利于步行者使用的铺装，应该有良好的弹性、不易滑、阻力小，表面平整，还要不易脏，不令人反感等。

（5）安全性

铺装材料的易滑与否是影响安全性的最大问题，尤其是雨水淋湿后会变得更滑。因此，需要对铺装表面进行处理来增加抗滑性，如加工出纹路或轻微的凹凸。

（6）施工强度

在满足功能需要和空间品质特性的前提下，尽量选取施工简便、价格经济的材料，同时维护和修补方便。

3.4 铺装的结构

铺装的设计是要使铺装整体结构具有一定的承重厚度，力学上平衡稳定，同时要与材料特性相适应。铺装结构的组合形式是多种多样的（图3.18、图3.19）。由于景观工程中的铺装多以人行使用为主，负荷相对较小，其典型的面层结构比城市公路要简单。地面铺装的结构层次通常包含面层、结合层、基层、垫层、路基和一些附属工程。

（1）面层

面层是铺装最上面的一层，直接承受人流和车辆的摩擦，承受气候因素的影响和破坏，不恰当的面层选择会造成使用的不便或反光刺眼等不良影响。面层要求坚固、平稳、耐磨、具有一定的粗糙度、少尘并便于清扫。书中前面关于铺装材料的讲解主要是针对面层材料。

（2）结合层

在铺设面层时，有时需要在面层与基层之间，为了结合和找平而设置的一层为结合层。结合层一般选用3～5厚的粗沙或25号水泥石灰混合灰浆，或1:3石灰砂浆。

（3）基层

基层一般在路基之上，起承重作用。一方面承受由面层传下来的荷载，另一方面把此荷载传给路基。基层不直接接受摩擦和气候因素的作用，对材料的要求比面层低。一般选用坚硬的（砾）石、灰土或各种工业废渣。

常用的基层有以下几类：

① 干结碎石

干结碎石基础是指施工过程中不洒水或者少洒水，依靠充分压实及用嵌缝料充分嵌挤，使石料间紧密锁结而构成的具有一定强度的结构，一般厚度为8～15 cm，适用于景观中的主路。

② 天然级配沙砾

使用天然的低塑性沙料，经摊铺整形并适当洒水碾压后形成的具有一定密实度和强度的基层结构。一般厚度为10～20 cm，超过20 cm时应分层铺设。适用于各级园路，尤其是有荷载要求的嵌草路面，如草坪停车场等。

③ 石灰土

将适量的石灰掺入粉碎的土中，按一定的技术要求，把土、灰、水三者拌匀，在最佳含水量的调制下压实成型的结构为石灰土基层。石灰土力学强度高，有较好的整体性、水稳性和抗冻性。它的后期强度也高，适用于各种路面的基层、底基层和垫层。石灰土压实厚度最小不应小于8 cm，最大不应大于20 cm，超过20 cm时分层铺设。

④ 煤渣石灰土

煤渣石灰土也称二渣土，是以煤渣、石灰（或电石渣、石灰下脚）和土3种材料在一定的配比下，经搅拌和压实形成的强度较高的一种基层。煤渣石灰土具有石灰土的全部优点，同时还由于它有粗粒料做骨架，因此强度、稳定性和耐磨性均比石灰土好，且早期强度高有利于雨季施工。煤渣石灰土对材料要求不太严，允许范围较大，一般最小压实厚度不应小于10 cm，也不宜大于20 cm，超过20 cm时分层铺设。

⑤ 二灰土

二灰土是以石灰、粉煤灰与土按一定的配比混合，加水拌匀碾压而成的一种基层结构，具有比石灰土还高的强度，有一定的板体性和较好的水稳性。二灰土基层施工简便，对材料要求也不高，一般石灰下脚和就地土都可以利用，在产粉煤灰的地区有推广的价值。二灰土对水敏感性强，初期强度低，冬季和雨季施工较困难。二灰土每层压实厚度最小不宜小于8 cm，最大不大于20 cm，超过20 cm时分层铺设。

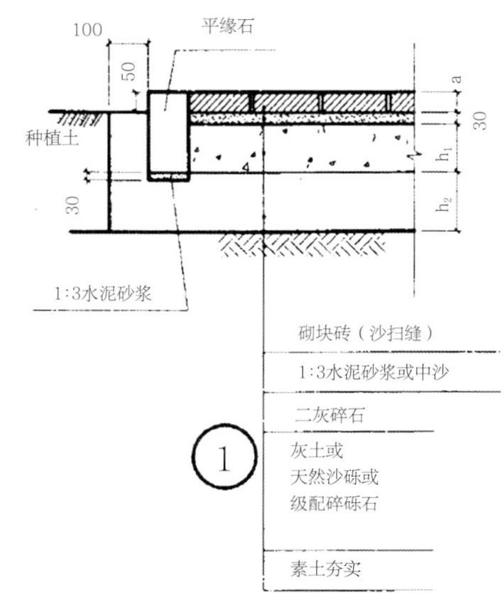

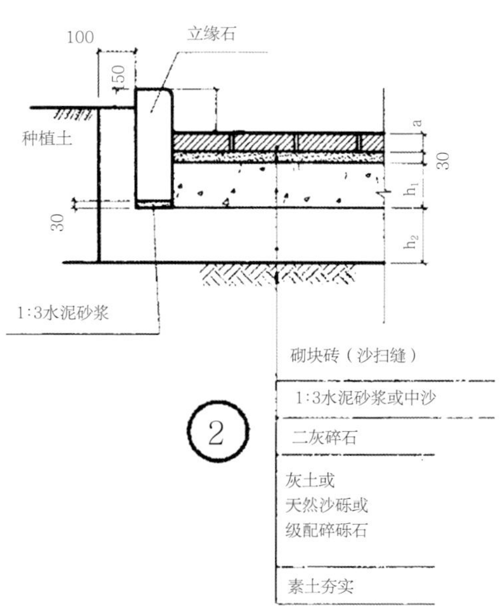

图3.18　铺装的结构形式

（4）垫层

在路基排水不良，或有冻胀、翻浆的地段上，为了排水、隔温、防冻的需要，在基层下用煤渣、石灰土等筑成的结构为垫层。在景观工程中，也可以用加强基层的方式而不另设此层。

（5）路基

路基是铺装的基础，不仅为铺装提供一个平整的基面，承受地面传递下来的荷载，也是地面强度和稳定性的重要保证。一般黏土或沙性土，开挖后用蛙式跳夯夯实三遍，如无特殊要求，可以直接作为路基。在严寒地区的严重的过湿冻胀土或湿软呈橡皮状土，宜采用1:9或2:8灰土加固，厚度一般为15 cm。

图3.19　铺装实例

| 知识重点 |

1. 了解铺装的功能与作用。
2. 能根据铺装的功能性要求选择材料。
3. 掌握铺装材料的类别和特性。
4. 掌握设计中确定铺装材料的程序。
5. 了解铺装的结构。

| 作业安排 |

1. 实地调研、记录一广场铺装材料的种类和规格。

2. 通过分析施工图案例，熟悉铺装大样构造。

4 水景工程

水是景观设计中非常重要的设计要素，对人们有一种天然的吸引力。水又是景观中最生动最富于变化的要素，无论是功能还是视觉形态上都极具特性，水是最迷人和最激发人的兴趣的因素之一。水景工程是与水体造景相关的所有工程的总称，是利用水体要素来营造丰富多彩的景观水景形象。

4.1 水的功能和特性

4.1.1 水的实用功能

（1）提供消耗

水可以提供人、动物和植物的消耗，这也是水最基本的价值。在景观中，植物生长和对养分的吸收都离不开水的灌溉，水体还可成为某些动、植物的生境（图4.1）。

（2）气候控制

由于水的比热大，水体可以起到调节微气候的作用，能对周围环境的温度、湿度、风向等产生影响（图4.2）。例如，大面积的湖区，在寒冷的冬季可比其他地区提高气温大约3 ℃，而在夏季则能降低约2 ℃，还有因水体存在产生的水陆风等。

（3）控制噪声

水能用于减弱噪声，特别是在城市中有较多的汽车、人群或工厂的地方，瀑布或流水的声音可以有效地隔离和屏蔽噪声，形成相对自然和宁静的气氛（图4.3）。

（4）提供娱乐

水能为特定的活动项目营造娱乐条件，如游泳、垂钓、划船、滑水、溜冰等（图4.4）。水上娱乐项目的设置也是对水体资源的充分利用，当然是要在保护水源和不破坏景观的前提下进行。

4.1.2 水的特性

（1）水的可塑性

液体的水是透明的液体，本身没有固定的形状，其形状是由容器的形状决定的，因此水具有无穷无尽的变化形式。其特征取决于容器的大小、色彩和质地等，从这个意义上说，水体的设计实际上是容器的设计（图4.5）。

（2）水体的状态

由于重力的作用，不同处境的水体会有不同的状态，有能保持平衡稳定的静水，也有由高处流向低处的动水。

① 静水。是指不流动、平静的水面，通常存在于湖泊、水池和水塘或极平缓的河流中。静水宁静、轻松和平和，给人感觉宁静安详（图4.6）。较小尺度的静水面能充分地呈现池底、池壁的色彩、图案、材质等。较大尺度的静水面能在视觉上联系周边其他不同的因素，避免各区域的散乱和无归属，还可以利用水面的展开引导视线。

② 动水。水体处于运动的状态，常见于河流、溪流、瀑布、跌水和喷泉等，动水与静水相反，兴奋、欢快、具有活力，是动态的因素，具运动性和方向性（图4.7）。

（3）水声

水的另一特性是当其流动或撞击实体时会发出声响，因流量和形式的不同可以创造出多种多样的音响效果，或轻言细语，或欢悦清脆，或狂暴粗野，完善和增强了室外空间的观赏特性，丰富了体验层次（图4.8）。

（4）水的倒影

水面如镜，能形成周围景物的倒影。倒影提供了一个新的观赏透视点（与天光、池底、水深、观赏角度等有关）（图4.9）。

图 4 .1　大面积的湖区可供人与动物栖息

图4. 2　喷泉

图4.3　人工瀑布

图4.4　水上运动

图4.5　容器的形状决定了水的状态

图4.6　静水

图4.7　动水

图4.8　水声是水的特性之一

图4.9　水的倒影

4.2　一般水景工程

4.2.1　湖景

湖属尺度较大的静态水体，可分为天然湖和人工湖。天然湖是自然的水域景观，如云南滇池、杭州西湖等；人工湖是人工依地势就低挖凿而成的水域，沿岸因境设景、自成天然图画，如深圳仙湖及一些现代公园中的人工大水面。湖的特点是水面宽阔平静，具平远开朗之感。除此之外，湖往往有一定水深而利于水产，还有较好的湖岸线及周边的天际线（图4.10）。

（1）湖的布置要点

① 对于大面积人工水体，在设计和建造时应对水源、地质等问题作全面考虑。水源选择时，应考虑地质、卫生、经济上的要求，并充分考虑节约用水。

② 湖的布置应充分利用山形，依山畔水，岸线曲折有致。

③ 湖岸处理要有凹有凸，不宜呈成角、对

称、圆弧、螺旋线、波线、直线等线形。

④ 湖面忌“一览无余”，应采取多种手法组织湖面空间，可通过岛、堤、桥、舫等形成阴阳虚实、湖岛相间的空间分隔，使湖面富于层次变化。

⑤ 岸顶应有高低错落的变化，水位宜高，蓄水丰满，水面应尽量接近岸边游人，使湖水盈盈、碧波荡漾，易于产生亲切之感。

⑥ 人工湖的基址宜选择壤土、土质细密、土层厚实之地，不宜选择过于黏质或渗透性大的土质为湖址。适于修建的基址有：泥灰岩、黏土、泥质页岩等不透水的基层岩；沙质黏土、壤土；渗透力小于0.07～0.09 m/s的黏土夹层；土壤表面变成沼泽或黏土。易造成大量水损失的地段，不宜建湖的地质条件的有：喷发岩——玄武岩；可溶于水的沉积岩——石灰岩、沙岩；粗粒和大粒碎屑岩——砾岩、沙砾岩。

（2）湖底的做法

根据地质土壤情况分别对待，如果地层不漏水，湖底就无须进行处理；如果渗透力大于0.009 m/s，则必须采取工程措施设置防漏层。考察基址渗漏状况。好的湖底全年水量损失占水体体积5%～10%；一般湖底10%～20%；较差的湖底20%～40%。以此制订施工方法及工程措施。

湖底做法应因地制宜，常见的有灰土湖底、塑料薄膜湖底和混凝土湖底等。其中，灰土作法适于大面积湖体，混凝土湖底适宜于极小的湖池。如果湖底需要作防漏水处理，其湖底的做法如下：

① 基层

一般土层经辗压平整即可。如沙砾或卵石基层经辗压平后，面上须再铺15 cm细土层。如遇有城市生活垃圾等废物应全部清除，用土回填压实。

② 防水层

用于湖底的防水层的材料很多，主要有聚乙烯防水毯、聚氯乙烯防水毯、三元乙丙橡胶、膨润土防水毯、赛柏斯掺合剂、土壤固化剂等。

③ 保护层

在防水层上平铺15 cm过筛细土，以保护塑料膜不被破坏。

④ 覆盖层

在保护层上覆盖50 cm回填土，防止防水层被撬动，其寿命可保持10～30年。例如，河北某人工水池池底做法，如图4.11所示。

4.2.2 池景

池景是指与湖相对而言面积较小的静态水景。多取人工水源，除池壁外，池底也必须人工铺砌而且壁底一体，水池要求比较精致，须设置进水、溢水和泄水的管线，有的水池还要作循环水设施。也有相似于湖的自然水体，面积相对小些，不设上下水管道，湖底一般不加处理或简单处理，只作四周驳岸处理。

一般而言，池的面积较小，形式多样，岸线变化丰富且具有装饰性，水较浅，不宜开展水上活动，以观赏为主，水池中还可种植水生植物、饲养观赏鱼和设喷泉、灯光等。池景在造景中突出静的氛围，强调水面光影效果的营建和空间层次的拓展。

（1）水池的类型

① 规则式水景池

规则式水景池通常为人造的蓄水容体，池边缘线条挺括而分明，形状规则而非天然形态，有对称的几何形，也有非对称的几何形。规则式水池通常用在以平直线条为主的市区空间或人为支配的环境中，水池的设置应与周边环境相协调。规则式水池有时会结合雕塑、喷泉等共同组景（图4.12）。

② 自然式水景池

自然式水景池是模拟自然环境中的静态水体形态的造景形式，可以是人造的，也可以是自然形成的。自然式水景池形态可为自然或半自然式，水际线自然变化，有着天然野趣，池岸也多由泥土、山石、植物等构成，适合于有乡野情趣的空间环境（图4.13）。

③ 混合式水景池

混合形态的水景池是规则形式和自然形式的有机结合。如规则的岸线与自然材质驳岸形式的结合（图4.14）。

图4.10　湖景

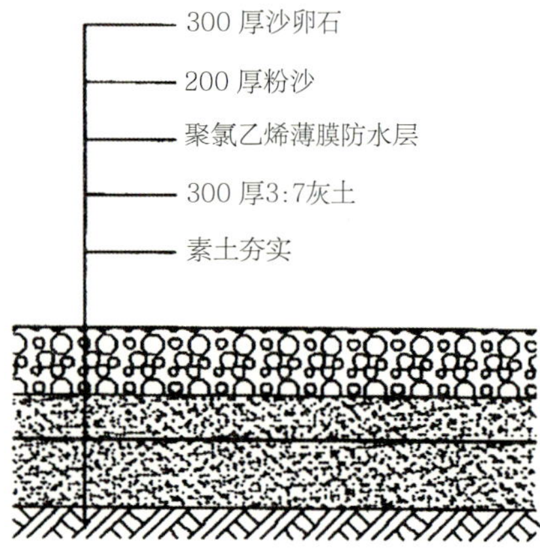

图4.11　人工水池池底做法

图4.12　规则式水景池

图4.13　自然式水景池

图4.14　混合式水景池

④ 游泳池

游泳池也是人工水池的一种，在城市景观中，游泳池除了具有提供健身运动场所的实用功能，本身也可以成为整体环境中令人感到愉悦的观赏焦点。游泳池形式多样，包括赛道泳池、镜面泳池、水景园泳池、自然式泳池、隐边泳池等（图4.15）。

（2）水池的布置

池景通常是景观视觉焦点，一般布置在广场中心、门前或门侧、园路尽端以及与亭、廊、花架等组合在一起，形成独特的景观。池的布置要因地制宜，充分考虑基址现状，其位置应在场地中最醒目的地方。大水面宜用自然式或混合式，小水面更宜用规则式。池岸设计做到开合有效、聚散得体。有时因造景需要，在池内养鱼，或种植花草。水生植物池应根据植物生长特性配置，植物种类不宜过多，池水不宜过深；否则，应将植物种植箱内或盆中，在池底砌砖或垒石为基座，再将种植盆箱移至基座上。

（3）水池的设计

水池设计包括平面设计、立面设计、剖面设计及管线设计。

① 水池平面设计

水池平面设计中水池形态要与所在环境的气氛、场地的线形特征和视线关系相协调统一。水池的体量与环境相称，轮廓与场地走向、其他要素外轮廓取得呼应与联系。要考虑前景、框景和背景的因素。不论规则式、自然式、综合式的水池都要力求造型简洁大方而又具有个性的特点。水池平面设计要显示其平面定位和尺度，标注所取剖面的位置。设循环水处理的水池要注明循环线路及设施要求。

② 水池立面设计

水池立面设计反映主要朝向各立面处理的高度变化和立面景观。水池池壁顶与周围地面要有合宜的高程关系。既可高于路面，也可以持平或低于路面做成沉床水池。通常池边应考虑允许游人接触和观赏水池的需要。池壁顶可做成平顶、拱顶和挑伸、倾斜等多种形式。水池与地面相接部分可做成凹入的变化。

③水池剖面设计

剖面应有足够的代表性，标注池底、池壁顶、进水口、溢水口和泄水口的高程，要反映从地基到壁顶各层材料的厚度。

（4）池的结构

自然式水池池底作法可参见前面的湖底作法。面积小的人工池，其结构可做钢筋混凝土整体结构，常在结构层上粘贴防水材料。在北方受温度变化影响大，主要是要解决好温度应力的破坏，池底应处于冰冻线以上，要做好垫层。垫层通常作法有：垫层做30 cm天然级配沙石或焦渣，目的是缓冲冻胀影响；结构层满足一定温度应力要求，作好伸缩缝，消除混凝土本身在温度变化时引起的变形应力。根据规范要求，露天现浇混凝土每10～20 m就必须做一道伸缩缝。饰面层根据造型要求而定，自然水体最好用天然石堆砌，规则水池常用汉白玉、花岗石、青石类等。

4.2.3 溪流

溪流属于动水的形态。溪流造景来源于对自然界流水形态的借鉴。

自然界中，山间的流水为溪，夹在两山之间的水为涧，溪的水底及两岸主要由泥土筑成，岸边多水草；涧的水底及两岸则主要由砾石和山石构成，岸边少水草。

在溪流水景的建造中，要力求生动自然、流畅优美，平面线形曲折流畅，回转自如，岸线的组合协调中求变化，要有开有合、有收有放，水面富于宽窄变化。立面上要有高低变化，水流有急有缓，平缓的流水段具有宁静、平和、轻柔的视觉效果；湍急的流水段则容易泛起浪花和水声，引起注目（图4.16）。

（1）溪流的形态特点与组成

① 小溪狭长形带状，曲折流动，水面有宽窄变化。

② 溪中有河心滩、三角洲、河漫滩，岸边和

水中有岩石、矶石、汀步、小桥等。

③ 岸边有若即若离的自由小路。

（2）溪流的类型

①自然式

自然式溪流多为曲折狭长的带状水体，模拟自然形态，岸线不规则，多以自然材料构筑（图4.17）。

图4.15 游泳池

图4.17 自然式溪流

②规则式

规则式溪流一般采用规则的渠道形式，以人工或自然整形材料砌筑沟底和边沿，多用于规整的环境设计中（图4.18）。

（3）溪流环境氛围的营造与表现

溪流的特征取决于水的流量、河床大小、坡度、河床和驳岸的性质等，其特征影响了环境氛围和空间特性。

①河床坡度影响水流速度，坡度大则水流急，反之则平缓。溪流坡度一般为1%~2%，最小坡度为0.5%～0.6%，有趣味的坡度在3%内变化。通常溪流最大的坡度不超过3%，因为超过3%河床会受到影响，需采取工程措施。在河床坡度处理中，还可通过制造高差的变化，如利用跌落，创造悦耳的声音，产生音乐般的效果。

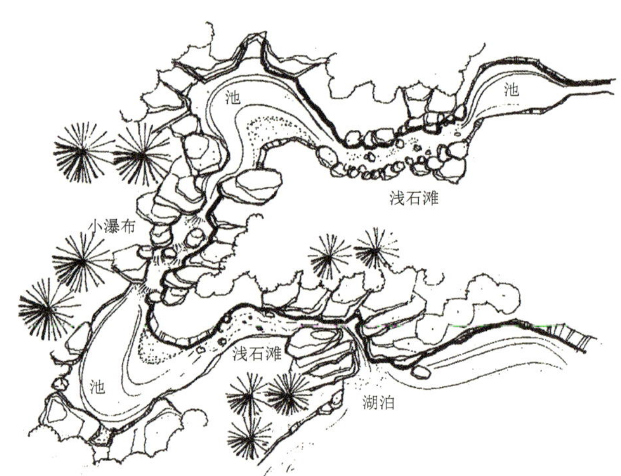

图4.16 小溪模式图

图4.18 规则式溪流

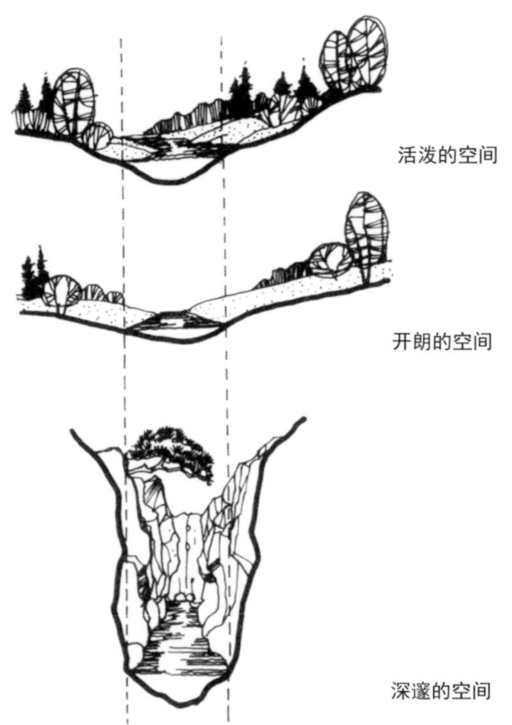

图4.19 空间气氛的创造

河床的上半段主流线靠近凸岸上方，下半段主流线靠近凹岸的下方

弯曲河床

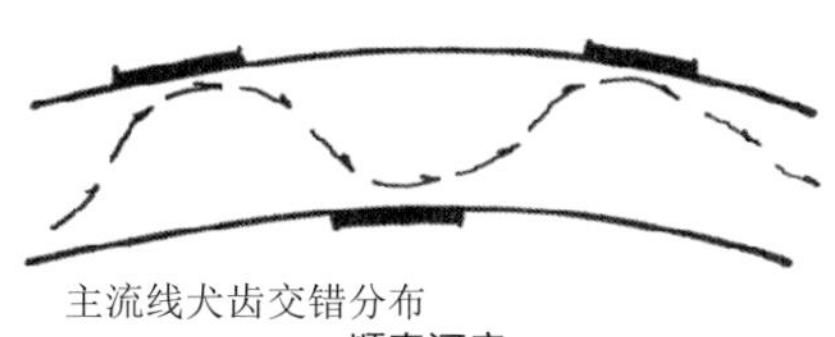

主流线犬齿交错分布

顺直河床

江心洲洲头处与主线相冲

分叉河床

图4.20 重点护岸部位

② 河床宽窄变化决定流速和流水的形态。河道突然变窄会产生湍急汹涌的水流，平滑等宽的河道产生缓缓流畅的水流，河床变宽，水流缓慢、平稳、安静。

③ 河床的不同材质和材质的不同使用方式能产生不同的景观效果，河床用粗糙的材料，如卵石或毛石，会阻碍水流畅通，导致产生波浪、湍流和声响，热闹而生动；用平滑细腻的材料做河床，则水流平缓稳定，表现宁静悠闲的氛围。另外，流水中置石的方式也会改变流水运行的方式，会产生不同的效果。

④ 在水流行进中，可以利用光线、植物等创造明暗对比的空间序列，丰富空间层此，增加趣味性。

⑤ 流水的景观特征，除去水体本身的造型设计外，各种不同景观境界的创造也是十分重要的，即溪流的伴生环境的设计。如图4.19所示，水面的宽度是一样的，但环境不同，则空间气氛或活泼，或开朗，或深邃幽静。

（4）溪流的设计要求

为了创造溪流中湍流、急流、跌水等景象，溪流的局部必须作工程处理。溪岸的破坏主要是由水的流动造成的，如图4.20所示为水的主流线与崩岸部位的关系，也就是护岸的重点部位。小河弯道处中心线弯曲半径一般不小于设计水面宽的5倍，有铺砌的河道其弯曲半径不小于水面宽的2.5倍。弯道的超高一般不宜小于0.3 m，最小不得小于0.2 m。折角、转角处其水流不应小于90°。

溪流的结构主要由溪流所在地的气候土壤地质情况、溪流的水深、流速等情况决定（其常用结构参照相关书籍）。

4.2.4 落水

落水是水的动态形态，水因受重力自高处下落，落水的形式极其丰富，最具代表性的是瀑布，另外还包括叠水和溢流等。

（1）瀑布

瀑布可分为天然瀑布和人工瀑布。天然瀑布是由于河床突然陡降形成落水高差，水经陡坎跌落如布帛悬挂空中，形成千姿百态、优美动人的壮观景色；人工瀑布是以天然瀑布为蓝本，通过工程手段而修建的落水景观。瀑布的观赏效果比溪流更丰富多彩，通常作为室外环境布局的视觉焦点。由瀑布落差与瀑宽的关系而将瀑布分成水平瀑布和垂直瀑布两类。前者瀑面宽度大于瀑布落差，后者瀑面宽度小于瀑布落差（图4.21、图4.22）。

① 瀑布的组成

通常来说，瀑布由背景、上游水源（蓄水池）、瀑布口、瀑身、潭、观景点、下游排水及伴生环境等组成（图4.23）。

A. 瀑布口。是指瀑布的出水口，它的形状直接影响瀑身的形态和景观的效果。如出水口平直，则跌落下来的水形也较平板而少动感；若出水口平面形式曲折，有进退的变化，出水口立面又高低不平，则跌落下来的水就会有薄有厚、有宽有窄，这对活跃瀑身水的造型就会有一个好的开始。

B. 瀑身。从出水口开始到坠入潭中止，这一段的水是瀑身。它是人们欣赏瀑布的所在。根据岩石的种类、地貌特征、上游水量和环境空间的性格等决定瀑布的气质。或轻盈飘舞、或万雷齐鸣、或万马奔腾、或江海倒悬。瀑布的水造型除受出水口形状的影响外，很重要的是瀑身所依附的山体的造型所决定的。因此，实际上瀑布的造型设计是根据瀑布水造型的要求进行山体的造型设计。

C. 瀑潭。瀑布上跌落下来的水，在地面上形成一个深深的水坑，这就是瀑潭。设计要求潭的大小应能承接瀑布流下来的水，横向的宽应略大于瀑身的宽度，纵向的宽为防止水花四溅，宽度应等于或大于瀑身高度的2/3（图4.24）。潭底结构应根据瀑布落水的高度即瀑身高H来决定。室内瀑布为减少水跌落时的噪声可在潭内铺人工草坪，避免瀑布的水直接跌落产生较大的声音。

D. 观景点。瀑布要有好的观景点。对于垂直瀑布来说，希望表现它的高；对于水平瀑布来说，希望表现它的宽，因此人们追求的是仰视和平视的效果。

E. 瀑布的伴生环境。瀑布景观的丰富多彩，很重要的是有伴生环境的烘托和渲染。如洞，可以让人亲近、触摸；如昼夜交替，白天特别是在日出或日落时，阳光把瀑布激起的团团水雾，染上一片金色，夜晚，月色朦胧，景色绰约；另有彩虹、月虹、云雾等，均可与瀑布相映生辉，意趣无穷。

② 瀑布的类型

按照瀑布的落水方式，可以分为三类：自由落瀑布、跌落瀑布和滑落瀑布。

A. 自由落瀑布。顾名思义，自由落瀑布是指水从一个高度落到另一高度，降落过程不间断（图4.25）。其瀑布的特性取决于水的流量、流速、高差以及瀑布口的情况。例如，当水量较少时，完全光滑平整的瀑布口边沿，瀑布会宛如一匹平滑无皱的透明薄纱；而当边沿变得非常粗糙和无规律时，阻碍了水流的连续，产生水花，瀑布便呈白色。影响自由落瀑布形象和音响的因素，还有瀑布落下时所接触的表面，如同样的下落水体撞击在坚硬的表面如岩石上时，会水花四溅；同时产生剧烈的声响；如果落水接触的是水面时，则水花和声响要小得多。

B. 跌落瀑布。跌落瀑布是指在瀑布下落的过程中添加一些障碍物或停顿处，使瀑布产生短暂的停留和间隔（图4.26）。跌落瀑布产生的声光效果比一般瀑布更丰富多彩和引人注目。通过对水的流量、跌落高度和承水面的控制，能创造出更多样和有趣的观赏效果。跌落瀑布间隔的设置应自然，不能过于人工化，如完全等距的分隔，跌落的层数也不宜过多。

C. 滑落瀑布。指水沿着某一界面落下，可以是垂直面或斜坡面（图4.27）。斜坡滑落与溪流的差别在于较少的水滚动在较陡的斜面上。滑落瀑布比自由瀑布和跌落瀑布平静缓和。滑落瀑布的观赏效果，一是来自于不同的滑落面的特征，会因材料和表面纹路肌理的不同而有不同的表现，或平滑如幕，或细微的波纹，或斑驳错落；二是阳光或灯光

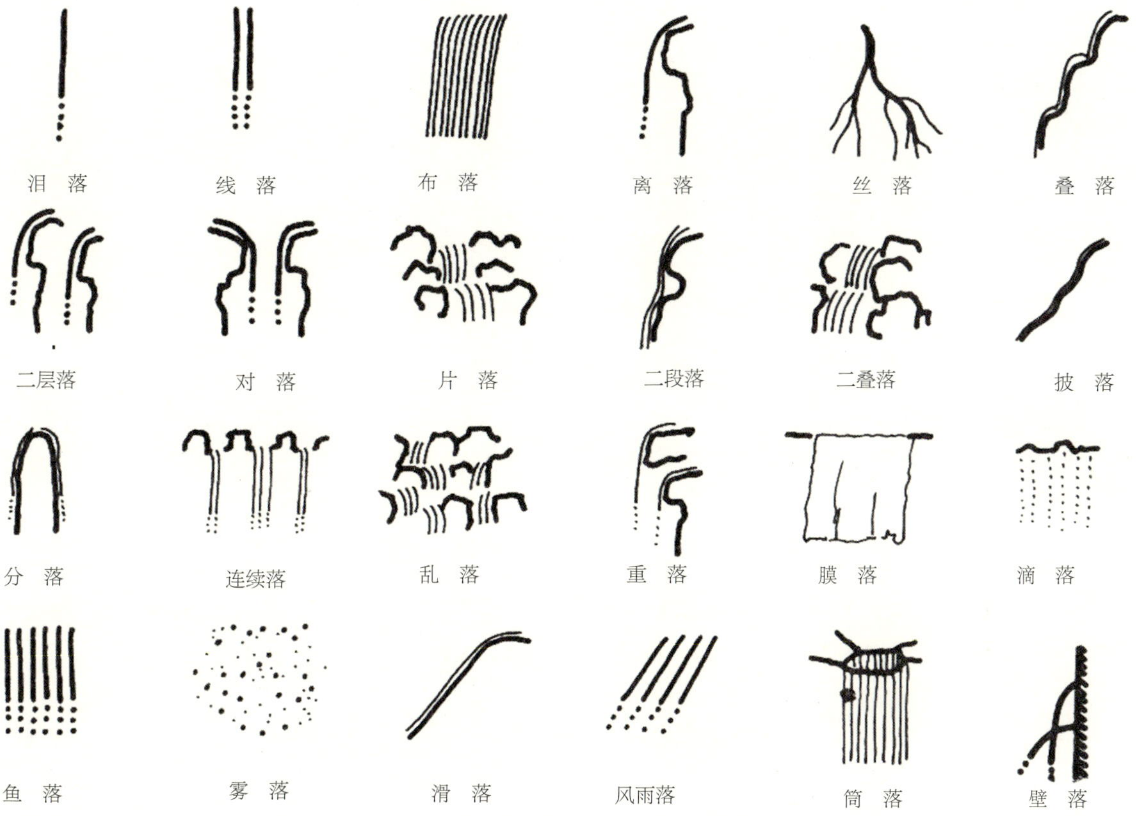
泪 落
线 落
布 落
离 落
丝 落
叠 落
二层落
对 落
片 落
二段落
二叠落
披 落
分 落
连续落
乱 落
重 落
膜 落
滴 落
鱼 落
雾 落
滑 落
风雨落
筒 落
壁 落

图4.21 瀑布落水的基本形态

图4.22 瀑布

背景
上游水源
瀑布口
伴生环境
瀑身
潭
观景台
下游排水

图4.23 瀑布组成示意图

H
B≥2/3H
B

图4.24 潭宽要求示意图

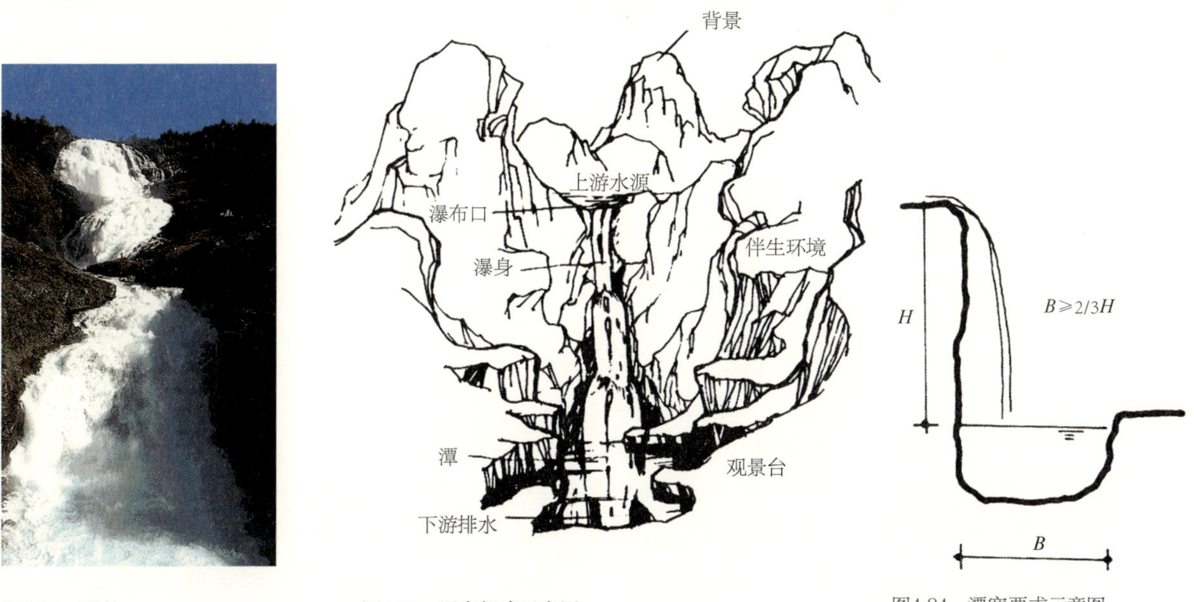

图4.25　自由落瀑布

图4.26　跌落瀑布

图4.27　滑落瀑布

图4.28　叠水

图4.29　溢流

照射在其表面上呈现出的湿润和光的闪耀。

（2）叠水

叠水是跌落瀑布的变异形式，是一种非常有规律的阶梯式落水形式，具有韵律感和节奏感（图4.28）。

叠水更强调人工美学，构筑方法同瀑布相似，水的流量、高度及承水面都可通过人工设计而控制，但是所使用的材料更加规则，如砖块、混凝土、石块、石板等，是为了取得严格要求的几何形结构。叠水的段落有高有低，层级有多有少，构筑物的形式多样，产生了形态迥异、丰富多彩的景观。叠水通常作为与地形结合的理想水景形态。

（3）溢流

池水满盈而外流称为溢流。可以通过人工设计建构溢流形态的水景。溢流水景除了落水水体之外，溢水水池或溢水容器也是重要的组成部分，水流从不同尺度、不同形态、不同层次的容体中落下，直落而下成溢流瀑布，沿台阶而下成叠水溢流，与杯状容器结合，则形成有水帘效果的溢流杯（图4.29）。

4.2.5　喷泉

喷泉是指利用压力，使动态的水以喷射状流水构成水景的一种理水方法。喷泉广泛应用于室内外空间，水体的垂直变化加上灯光、音乐的配合，通常会成为设计组合中的视觉焦点。喷泉不仅自身是一种独立的艺术品，而且能够增加局部空间的空气湿度，减少尘埃，大大增加空气中负氧离子的浓度，因而也有益于改善环境，增进人们的身心健康。

（1）喷泉的类型

根据喷泉的形态特征，喷泉通常可以分为以下几类：

①单射流喷泉

单射流喷泉是最简单的喷泉形式，水通过单管喷头喷出。单管喷泉有着相对清晰的水柱，喷射的高度取决于水量和压力，既可以细小安静，也可以高远恢弘，角度可以任意调节，还可以多个组合在一起形成有图案效果的造型，特别适合于要求水流成组、变化快的程控喷泉（图4.30）。

② 充气泉

利用加气喷头使水压通过喷头形成高速水流，带动吸入大量空气泡形成负压，气泡的漫反射使水流呈白色，产生湍流水花的效果，同时使空气加湿和使水充氧，有冷却和除尘的作用。这种喷泉能使较少量的水达到宏大的外观体量，造型雄浑壮观；缺点是能耗和噪声比较大，多用于室外（图4.31）。

③ 涌泉水膜喷泉

水流自水面下涌起，或从特制喷头涌出，形成安静的水体的涌动，就是涌泉（图4.32）。

④ 水膜喷泉

喷泉形态是利用水膜喷头形成薄膜，玲珑剔透，活泼小巧，且噪声低，充氧能力强，但易受风力干扰，宜用于避风的室外场所（图4.33）。

⑤ 喷雾泉

喷雾泉是许多细小雾状的水和气由许多小孔的喷头喷出，形成雾状的喷泉，喷雾泉外形细腻，闪亮而虚幻，可以用来表现安静的情绪。喷雾泉能以少量的水喷洒到较大的空间造成气雾弥漫的景象，对空气的除尘、加湿作用特别明显。更特别的是，当有阳光或灯光照射时，可呈现彩虹景象（图4.34）。

⑥ 造型喷泉

造型喷泉是由各种类型的喷泉通过一定的造型组合而形成的喷泉，有着透明的、造型优美的外貌，适合于有造型要求的公共空间（图4.35）。

（2）喷泉的设置要点

① 在选择喷泉位置，布置喷水池周围的环境时，首先要考虑喷泉的主题、形式，要与环境相协调，把喷泉和环境统一考虑，用环境渲染和烘托喷泉，以达到装饰环境，或借助喷泉的艺术联想，创造意境。

② 在一般情况下，喷泉的位置多设于建筑、广场的轴线焦点或端点处，也可根据环境特点作一些喷泉小景，自由地装饰室内外的空间。喷泉宜安置在避风的环境中以保持水形。

③ 喷水池的形式有自然式和整形式。喷水的位置可居于水池中心，组成图案，也可偏于一侧或自由地布置；其次要根据喷泉所在地的空间尺度来确定喷水的形式、规模及喷水池的大小比例。

④ 喷水的高度和喷水池的直径大小与喷泉周围的场地有关。根据人眼视域的生理特征，粗略地估计，大型喷泉的合适视距约为喷水高的3.3倍，小型喷泉的合适视距约为喷水高的3倍；水平视域的合适视距约为景宽的1.2倍。当然，也可利用缩短视距造成仰视的效果来强化喷水给人的高耸的感觉。

（3）喷泉的设备构成

① 喷头

喷头是喷泉的一个重要组成部分。它的作用是把具有一定压力的水，经过喷嘴导水板的造型，使水射入水面上空时，形成各种形态的水花。因此，喷头的构造、材料、制造工艺以及出水口的粗糙度和喷头的外观等，都会对整个喷泉喷水的艺术效果产生重要的影响。喷头工作时由于高速水流会对喷嘴壁产生很大冲击和摩擦，因此，制造喷头的材料多选用耐磨性好，不易锈蚀，又具有一定强度的黄铜、青铜或不锈钢等材料制造。常用喷水造型的喷头种类有单射程喷头、涌泉喷头、喷雾喷头、旋转式喷头、孔雀形喷头、缝隙式喷头、重瓣花喷头、伞形喷头、牵牛花形喷头、冰树形喷头、吸气式喷头、风车形喷头、蒲公英形喷头、宝石球喷头、跳跳泉喷头等（图4.36）。

图4.30　单射流喷泉

图4.31　充气泉

图4.32　涌泉水膜喷泉

图4.33　水膜喷泉

图4.34　喷雾泉

图4.35　造型喷泉

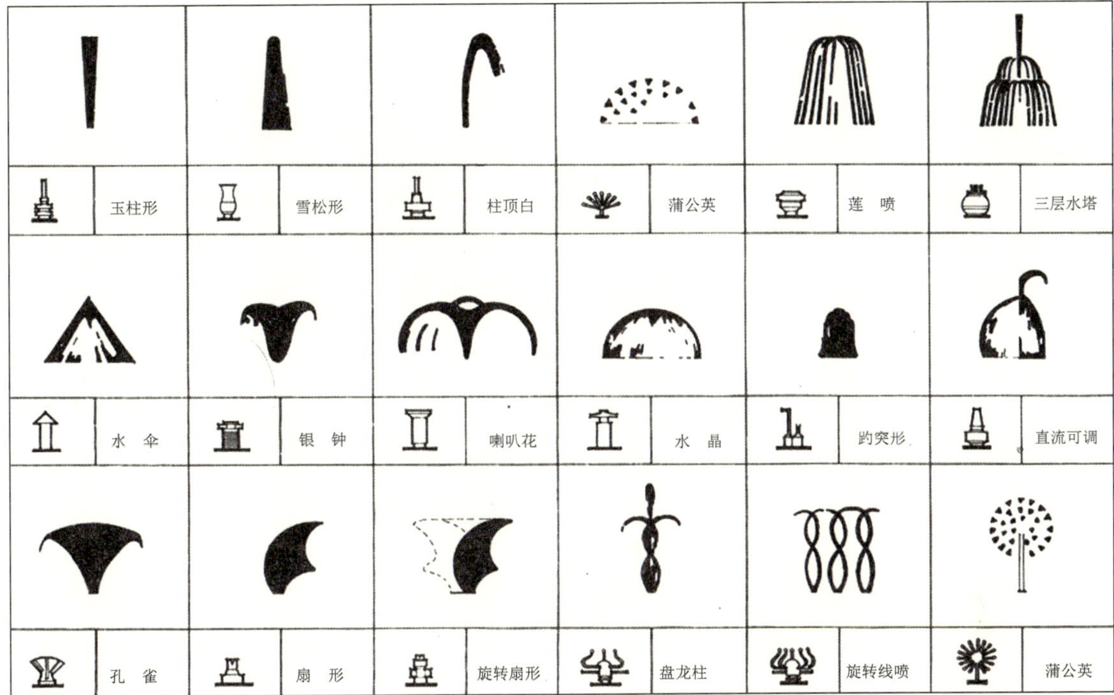

图4.36 常用喷水造型的喷头种类及效果示意图

②管道布置

喷泉管网主要由输水管、配水管、补给水管、溢水管及泄水管等组成。其中，输水管网主要包括输水干管、支管、节点、计算管段、水泵及喷头、配件等。

安装管道和器材时要进行防腐与防噪声处理。

③水泵及泵房

水泵是一种应用广泛的水力机械，是喷泉给水系统的重要组成部分之一。从水源到喷头射流，水的输送是由水泵来完成的。泵房则是安装水泵动力设备及有关附属设备的建筑物。水泵的种类很多，在喷泉系统中主要使用的有离心泵、潜水泵、管道泵等。喷泉水泵房内通常布置有水泵、管道、阀门、配电盘等。各种机电设备的布置要力求简单、整齐，施工、安装和管理操作方便。

（4）喷泉照明

① 喷泉照明的特点

喷泉照明与一般照明不同，一般照明是要在夜间创造一个明亮的环境，而喷泉照明则是在夜晚突出水花的各种风姿。它要求有比周围环境更高的亮度，而被照物体又是一种无色透明的水，这就要求有合理的布光，有绝好的安全性，才能形成特有的艺术效果，形成欢乐、明快的气氛。近年来，新型光源、灯具不断被开发和应用如软式流星灯、频闪灯、光导纤维照明、远距离投光灯等，使喷泉照明工程更加绚丽多彩（图4.37）。

图4.37 喷泉照明的艺术效果

② 喷泉照明的种类

在喷泉照明中，常用的照明方式如下：

A. 固定照明。所谓固定照明，是除闪光照明和调光照明以外的所有照明的总称。喷泉在局部往往是人们专心观赏的中心，它要求比周围环境有更高的亮度。

B. 闪光灯照明和调光照明。它是由几种彩色照明灯组成的。它们是通过闪光或使灯光慢慢地变化亮度以求得适应喷泉的色彩变化。彩色照明可以用彩色灯，也可以在普通光源前加一个彩色滤光片。色彩的切换要配合喷水姿的变换，可用单色或混合色反复投光，随着每一喷水姿的变化，改变照明的颜色。色光随着光谱带的不同，其照度有相当大的差别。

C. 水上照明和水下照明。水下照明可以欣赏水面波纹，并且由于光是由喷水下面照射的，因此当水花下落时，可以映出闪烁的光。大型喷泉往往两者并用。

③ 喷泉照明的手法

为了既能保证喷泉照明取得华丽的艺术效果，又能防止对观众产生眩目，布光是非常重要的。照明灯的位置一般是在喷水的下面、喷嘴的附近，以喷水前端高度的1/5～1/4以上水柱的水滴作为照射的目标，或以喷水下落到水面稍上的部位为照射的目标。这时如果喷泉周围的建筑物、树丛等背景是暗色的，则喷泉水的飞花下落的轮廓就会被照射得清清楚楚。喷嘴群在有的场合呈环状排列，这时在喷头内侧配光比在喷头外侧配光的效果要好。

水下照明灯一般是在水面下5～10 cm处配置，其最大水深不超过50 cm。

4.3 水景工程的供水形式

水景工程的供水水源多为人工水源，有条件的地方也可利用天然水源。目前，最为常见的供水方式有直流式供水、水泵循环供水和潜水泵循环供水三种（图4.38、图4.39）。

（1）直流式供水

直流式供水的特点是自来水供水管直接接入水景管网，使用之后即经溢流管排走。其优点是供水系统简单，占地小，造价低，管理简单。缺点是给水不能重复利用，耗水量大，运行费用高，不符合节约用水要求；同时，由于供水管网水压不稳定，水形难以保证。直流式供水常与假山盆景结合，可作小型喷泉、孔流、涌泉、水膜、瀑布、壁流等，适合于小庭院、室内大厅和临时场所。

（2）水泵循环供水

水泵循环供水的特点是另设泵房和循环管道，水泵将池水吸入后经加压送入供水管道至水池中，水使用后经吸水管再重新吸入水泵，使水得以循环利用。其优点是耗水量小，运行费用低，符合节约用水要求；在泵房内即可调控水形变化，操作方便，水压稳定。缺点是系统复杂，占地大、造价高，管理麻烦。水泵循环供水适用于各种规模和形式的水景工程。

（3）潜水泵循环供水

潜水泵供水的特点是潜水泵安装在水池内与供水管道相连，水使用后落入池内，直接吸入泵内循

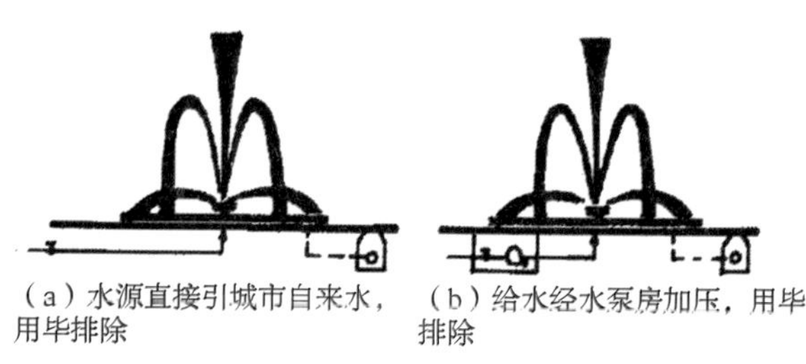
（a）水源直接引城市自来水，用毕排除
（b）给水经水泵房加压，用毕排除

（c）给水经水泵循环使用
（d）引用高水位，用毕排除

图4.38 喷泉给排水方式

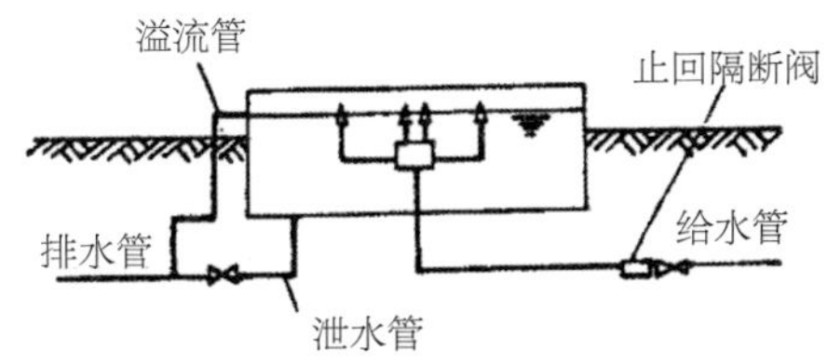

直流式供水

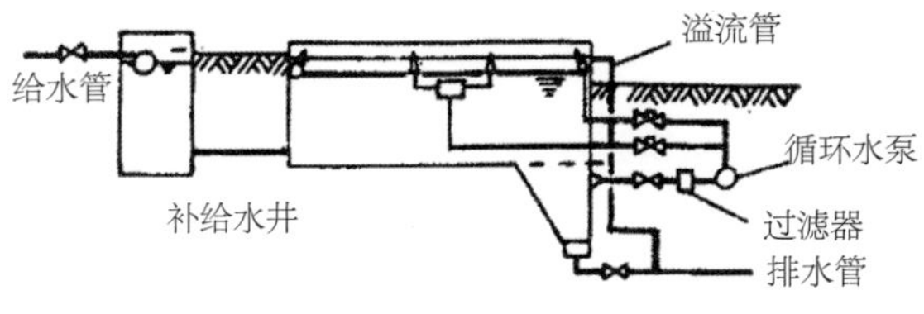

水泵循环供水

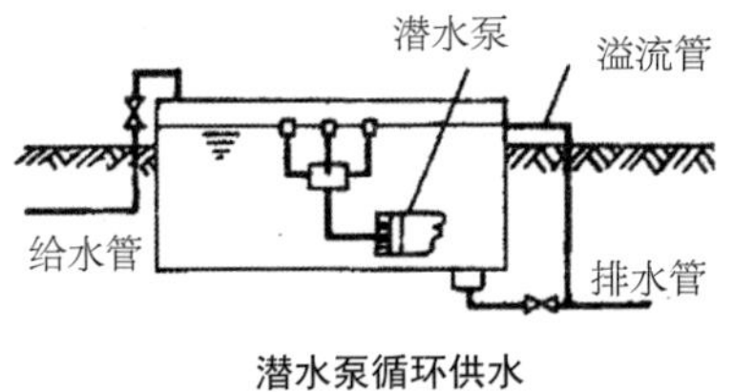

潜水泵循环供水

图4.39　喷泉供水方式

环利用。其优点是布置灵活，系统简单，占地小，造价低，管理容易，耗水量小，运行费用低，符合节约用水要求；其缺点是水形调整困难。潜水泵循环供水适合于中小型水景工程。

4.4　景观水体岸坡工程

4.4.1　驳岸工程

驳岸是建于水体边缘和陆地交界处一面临水的挡土墙，用工程措施使岸壁稳固，防止岸壁坍塌的水工构筑物。驳岸工程的主要目的是防止因冻胀、浮托、风浪的淘刷或超重荷载而导致的岸边塌陷，维持水体稳定，同时也能作为景观构成的一部分。在驳岸的设计中，要坚持实用、经济和美观相统一的原则，统筹考虑，相互兼顾，达到水体稳定、岸坡牢固、水景岸景协调统一、美化效果表现良好的设计目的。

（1）破坏驳岸的主要因素

驳岸可分为水底以下地基部分、常水位至水底部分、常水位与最高水位之间的部分和不受淹没的部分。

① 地基不稳下沉

由于湖底地基荷载强度与岸顶荷载不相适应而造成均匀或不均匀沉陷，使驳岸出现纵向裂缝，甚至局部塌陷。在冰冻地带水体不深的情况下，可由于冻胀而引起地基变形。如果以木桩做桩基，则因桩基腐烂而下沉。在地下水位较高处则因地下水的托浮力影响地基的稳定。

② 水浸渗冬季冻胀力的影响

从常水位线至水底被常年淹没的层段，其破坏因素是水的浸渗。我国北方天气较寒冷，因水渗入岸坡中，冻胀后便使岸坡断裂。水面的冰冻也在冻胀力作用下，对常水位以下的岸坡产生推挤力，把岸坡向上、向外推挤；而岸壁后土壤内产生的冻胀力又将岸壁向下、向里挤压;这样，便造成岸坡的倾斜或移位。因此，在岸坡的结构设计中，主要应减少冻胀力对岸坡的破坏作用。

③ 风浪的冲刷与风化

常水位线以上至最高水位线之间的岸坡层段，经常受周期性淹没。随着水位上下变化，便形成对岸坡的冲刷。水位变化频繁，则使岸坡受冲蚀破坏更趋严重。在最高水位以上不被水淹没的部分，则主要受波浪的拍击、日晒和风化力的影响。

④ 岸坡顶部受压影响

岸坡顶部可因超重荷载和地面水冲刷而遭到破坏。另外，由于岸坡下部被破坏也将导致上部的连锁破坏。

了解了水体岸坡所受的各种破坏因素，设计中再结合具体条件，便可以制订出防止和减少破坏的措施，使岸坡的稳定性加强，达到安全使用的目的。

（2）驳岸的形式

按照驳岸的造型形式，可将驳岸分为规则式驳岸、自然式驳岸和混合式驳岸三种。

① 规则式驳岸

对于大型水体和风浪大、水位变化大的水体以及基本上是规则式布局的景观中的水体，常采用整形式直驳岸，用石料、砖或混凝土等砌筑整形岸壁（图4.40）。

② 自然式驳岸

对于小型水体和大水体的小局部，以及自然式布局的景观中水位稳定的水体常用自然式驳岸（图4.41）。自然式驳岸是指外观无固定形状或规格的岸坡处理，常采用自然式山石驳岸，如假山石驳岸、卵石驳岸、块石驳岸或有植被的缓坡驳岸。这种驳岸自然亲切，景观效果好。

③ 混合式驳岸

混合式驳岸是规则式与自然式驳岸相结合的驳岸造型。一般为毛石岸墙，自然山石岸顶。混合式驳岸易于施工，具有一定的装饰性。

4.4.2　护坡工程

护坡是保护坡面防止雨水径流冲刷及风浪拍击的一种水工措施。

护坡和驳岸均是护岸的形式，两者极为相似，没有严格的划分界限。主要区别在于驳岸多采用岸壁直墙，有明显的墙身，岸壁大于45°。护坡不同，它没有支撑土壤的直墙，而是在土壤斜坡（45°以内）上采用铺设护坡材料的作法。护坡的作用主要是防止滑坡、减少地面水和风浪的冲刷，保证岸坡稳定。

（1）护坡的类型

护坡在景观工程中得到广泛应用，原因在于水体的自然缓坡能产生自然、亲水的效果。护坡方法的选择应依据坡岸用途、构景透视效果、水岸地质状况和水流冲刷程度而定。目前，常见的类型有草皮护坡、灌木护坡和铺石护坡。

① 草皮护坡

草皮护坡适于坡度在1：5～1：20的水岸缓坡（图4.42）护坡草种要求耐水湿、根系发达、生长快、生存力强，如假俭草、狗牙根等。护坡作法按坡面具体条件而定，如果原坡面有杂草生长，可直接利用杂草护坡，但要求美观。也有直接在坡面上播草种，加盖塑料薄膜；或先在正方砖、六角砖上种草，然后用竹签四角固定作护坡。最为常见的是块状或带状种草护坡，铺草时沿坡面自下而上成网状铺草，用木方条分隔固定，稍加压踩。若要增加景观层次、丰富地貌、加强透视感，可在草地散置山石，配以花灌木。

② 灌木护坡

灌木护坡较适于大水面平缓的坡岸，由于灌木有韧性、根系盘结、不怕水淹，能削弱风浪冲击力，减少地表冲刷，因而护岸效果较好（图4.43）。护坡灌木要具备速生、根系发达、耐水湿、株矮常绿等特点，可选择沼生植物护坡。施工时可直播、可植苗，但要求较大的种植密度，若因景观需要，强化天际线变化，可在其间适量植草和乔木。

③ 铺石护坡

当坡岸较陡、风浪较大或因造景需要时，可采用铺石护坡（图4.44）。铺石护坡由于施工容易，抗冲刷力强，经久耐用，护岸效果好，还能因地造景，灵活随意，因而成为园林工程常见的护坡形式。护坡石料要求吸水率不超过1%、密度大于2 t/m^{3}和较强的抗冻性，如石灰岩、沙岩、花岗岩等岩石，以块径18～25 cm，长宽比1：2的长方形石料最佳。铺石护坡的坡面应根据水位和土壤状况确定，一般常水位以下部分坡面的坡度小于1：4，常水位以上部分采用1：5～1：1.5。重要地段的护坡应保证足够的透水性以减少上缘土壤从坡面上流失，而造成坡面滑动。

图4.40　整形式直驳岸

图4.41　自然式驳岸

图4.42　草皮护坡

图4.43　灌木护坡

图4.44　铺石护坡

| 知识重点 |

1. 了解水的特性和功能，并能运用到景观设计中。

2. 掌握一般水景工程的类别和特点。

3. 熟悉景观水体岸坡工程的类别和构造。

| 作业安排 |

1. 实地调研、记录水景工程的构造特点。

2. 实地调研景观水体岸坡工程。

5　植物和种植工程

植物是景观设计的另一重要的要素，并且是“活”的有生命的要素，在景观设计中没有任何其他材料像植物一样具有生命和生长变化。植物在大小、形态、色彩、质地以及全部的性格特征上都各有变化，因此，植物是景观中最富于变化的因素。

5.1　种植设计

5.1.1　植物的功能

（1）建构空间

植物可以充当空间构成因素，通过充当地面、垂直面和顶界面等限制和组织空间的要素来建构空间（图5.1）。其限定建构空间的特征与植物的大小、形态、封闭性和通透性有关。

在地平面上，可以以不同高度和不同种类的地被植物或矮灌木来暗示空间的边界；在垂直面上，植物的枝干和叶丛可以以暗示或实体限制着空间，树干可以构成虚空间的追至边缘，而浓密的树丛又能形成相当封闭的空间；植物树冠的枝叶犹如室外空间的天花板，能形成空间的顶界面。植物建构的空间可以以各种变化方式互相组合，形成不同的空间形式，空间的封闭性随围合植物的高矮大小、株距、密度以及观赏者与周围植物的相对位置而变化。同时，由于植物的生长和季相变化，同样的植物配置可能在不同阶段或不同季节，建构出不同的空间感。

植物的空间建造功能还体现在与其他要素的结合中，如与地形、建筑物等的结合。

（2）景观导向

植物材料如直立的屏障，可以控制人们的视线，通过对植物的高度、通透性、位置等来调节观赏者与景物之间的关系，影响可视目标和可视程度，完成如障景、漏景、创造空间序列等景观导向的功能（图5.2）。

（3）美学观赏功能

自然生长的植物千姿百态、充满生机，能给环境带来赏心悦目的效果。春季百花盛开、夏季浓荫葱茏、秋季彩叶斑斓、冬季枝丫遒劲，带给人们亲近自然的体验和丰富多彩的感官享受（图5.3）。

（4）环境和生态功能

植物能解决很多环境问题，如净化空气、水土保持、水源涵养、调节气候等。例如，据测定，183 m宽的绿化带能减少空气中75%的悬浮粒子，而一个失去多数天然植被的流域，表面土壤会面临高强度的冲蚀而大量流失。同时，植物能提供生物栖息、繁衍、觅食的生境，建立生态保育的基础（图5.4）。

5.1.2　植物的观赏特性

植物的观赏特性非常重要，因为它能触发观赏者对其外貌的第一反应。植物的大小、形态、色彩、质地以及与总体布局和周围环境的关系等都能影响设计的美学特征，也是空间是否能赏心悦目的关键。

（1）植物的大小

植物的大小是最重要的观赏特性之一（因为其大小直接影响着空间范围、结构关系和设计的构思与布局），是所有植物材料的特征中最重要、最引人注意的特征之一。

① 大中型乔木

大乔木的成熟期高度大于12 m，中乔木的成熟期高度在9～12 m（图5.5）。

这个尺度的植株因其高度和体积，会成为显著的观赏因素，通常会成为空间构成的骨架，影响外部环境的整体结构和外观，从而使布局具有立体的轮廓。因为大中乔木占有突出的地位，可以充当视觉焦点。

大中乔木的树冠能称为室外空间的“天花板”。枝下高3～4.5 m时，构成有人情味的空间；当枝下高12～15 m时，空间开阔高大。树冠下的空间还可以为人们提供阴凉区域。

② 小乔木

小乔木最大高度4.5～6 m，限定的空间尺度亲切，适合运用于小空间或要求较精细的地方。观赏特性（春花、夏叶、秋色、冬枝）鲜明的小乔木可作为观赏中心和视觉焦点布置在醒目的地方（图5.6）。

③ 高灌木

高灌木最大高度3～4.5 m，与小乔木相比，不但矮小，灌木最明显的特征是缺少树冠，叶丛贴地而长。因此，高灌木可以如同墙体一般在垂直面上构成空间闭合，可用来作封闭空间、屏蔽视线和私密控制之用。另外，还可阻挡寒风调节小气候。高灌木还可作为天然背景，以突出放置于其前的特殊景物（图5.7）。

④ 中灌木

高度在1～2 m的灌木，同样能起到限定和围合空间的作用，因高矮不同带来的不同的视线遮挡关系而形成不同限定程度的空间。中灌木还可有在更高大和更矮小的植被间增加视线层次的作用（图5.8）。

⑤ 矮灌木

矮灌木是尺度上较小的植物，成熟的矮灌木最高仅1 m，最低在30 cm以上。矮灌木能限制和分隔空间而不遮挡视线，是以暗示的方式来控制空间。矮灌木与较高植被搭配种植，能够降低一级尺度，显得小巧亲密。此外，矮灌木还可从视觉上联系其他不相关的植被和要素，加强整体性（图5.9）。

⑥ 地被植物

从尺度上来说，最小的植物就是地被植物，高度不超过15～30 cm。与矮灌木一样，地被植物起到暗示空间边缘的作用。地被植物还可划分不同形态的地表面，形成图案，加上独特的色彩和质地，增加观赏情趣。地被植物还有作为背景、联系其他植被和要素、稳定土壤（斜坡绿化）的作用（图5.10）。

（2）植物的形态

植物的另一观赏特性是其形态，即单株或群体植物的外形，是指植物从整体形态反映出的大致外部轮廓。植物的形态在构图和布局上影响着统一性和多样性。植物的形态大致可分为以下几类（图5.11）：

① 纺锤形

植株形态细、窄、长，向上引导视线，突出空间的垂直面，提供一种垂直感和高度感，与低矮的圆球形或展开形植物搭配种植时能产生强烈对比。

② 圆柱形

顶圆，类似纺锤形，设计用途和纺锤形相似。

③ 展开形

植物具有水平方向生长的习性，故宽和高几乎相等，能使设计构图产生宽阔感和外延感。水平展开形植物会沿水平方向引导视线，从水平方向联系其他植物形态。展开形植物在构图中可以与垂直的纺锤形和圆柱形植物形成对比效果，而能与平坦地形和低矮水平延伸的建筑物等相协调。

④ 圆球形

有明显的球形形状，为数量最多的植物形态种类之一。圆球形植物在引导视线上无方向性和倾向性，外形柔和，易与其他形体和要素协调。

⑤ 尖塔形

外观呈圆锥状，形体从底部逐渐向上收缩，在顶部形成尖头。圆锥形植物总体轮廓分明，可作为视觉焦点，特别是与低矮的圆球形植物搭配，尤为醒目。

⑥ 垂枝形

垂枝形植物具有明显悬垂下弯的枝条，在设计

图5.1　植物建构的空间

图5.2　植物的景观导向

图5.3　植物的美学观赏功能

图5.4　植物的环境和生态功能

图5.5　大中型乔木

图5.6　小乔木

图5.7　高灌木

图5.8　中灌木

图5.9　矮灌木

图5.10　地被植物

纺锤形

圆柱形

展开形

圆球形

尖塔形

垂枝形

特殊形

图5.11　植物的形态

图5.12　植物的色彩

中能起到将视线引导向地面的作用。

⑦ 特殊形

特殊形植物有着奇特的造型，形状千姿百态，有不规则的、多瘤节的、扭曲的和缠绕螺旋式的。特殊形植物因不同凡响的外貌，最好孤植于突出的位置作为视觉焦点，能构成独特的景观效果。

（3）植物的色彩

植物的色彩也是最引人注目的观赏特征之一（图5.12）。色彩可看作是情感象征，以情感象征来影响着空间气氛，鲜艳的色彩轻快欢快，深暗的色彩则显得压抑沉闷。植物的色彩可通过植物的各个部分呈现出来，包括叶、花、果、枝条及树皮等。

在植物配置中，要多使用具有色相变化的植物来丰富视觉效果。色彩搭配上，为了突出视觉效果，可考虑对比色的配置、不同层次的深绿和浅绿的运用等。在一般的色彩配置中，应以中间绿色为主，用无明显倾向性的色调联系其他色彩，鲜艳的色彩不宜过多过碎。

植物的色彩配置，应多考虑在一年中占据大部分时间的夏季和冬季的色彩，虽然春花和秋叶有着最丰富的色彩呈现，但因持续时间有限，仅以此作为设计依据可能出现更多的缺失。

（4）树叶的类型

树叶的类型包括树叶的形状和持续性。

① 落叶型

落叶型植物在秋天落叶，春天再生新叶，通常叶片扁薄。落叶植物最显著地特征就是突出强调了季节的变化，在外形和特征上有明显的四季差异，使一年的季相变化更加具有意义。落叶型植物的这一特征不仅外貌上的变化带来丰富的视觉体验，也影响着空间构成，带来空间感的变化。

落叶型植物的另一特性是在冬季叶片凋零后，枝干也可以有着生动突出的独特形象，而当其投影在路面或墙面上时，又成就另一番迷人的景象。

② 针叶常绿型

针叶常绿型植物指具针状叶，全年常绿，叶片不落的植物种类。针叶常绿植物通常比其他种类的植物叶色深，因为其叶片吸收的光线比反射的光线多，特别是在冬季，相对暗绿最为明显。因此，针叶常绿树显得端庄厚重，通常在布局中用以表现沉稳的视觉特征。

针叶常绿植物有时在于构成的环境能够相对稳定，形成和落叶植物的对比。由于针叶细小且密度大，可以作为屏障和控制隐秘环境，也可以用来抵御寒风。针叶常绿植物可以和落叶植物搭配种植以弥补落叶植物在冬季的欠缺，增加可视厚度。针叶常绿植物因叶色较深，还可以作为浅色植物的背景。

针叶常绿植物在配置中，除了特定的场合外，如纪念性场所等，其所占比例应小于落叶植物，以免空间感过于沉闷压抑。针叶常绿植物因凝重而醒目，种植的时候宜群植而不应太分散，否则会导致布局有混乱和破碎感。

③ 阔叶常绿型

阔叶常绿型植物叶形与落叶植物相似，但叶片终年不落。与针叶常绿植物一样，叶色也呈深绿，但通常叶片为革质会反光，在阳光下会显得光亮，因此在向阳处显得轻快通透，而在阴影处则与针叶常绿植物相似，阴暗凝重。阔叶常绿型植物的花朵通常淹没在叶丛中，在设计中只能作为附加效果而不能作为主要因素。

（5）植物的质地

植物的质地指单株或群体植物直观的粗糙感和光滑感，取决于植物的叶片、枝条、树干等的大小、外形、密度、肌理、生长习性以及观赏植物的距离等因素。另外，落叶植物的质感体验还会随季节的变化而变化。

① 粗壮型

粗壮型通常由大叶片、浓密而粗壮的枝干以及疏松的生长习性而形成。粗壮型植物能够吸引观赏者的注意力，因而观赏价值高，可以作为设计中的焦点。粗壮型植物的强壮会吸引视线，视觉上趋向观赏者，能起到“收缩”空间的作用。

粗壮型植物外观上的空旷、疏松、模糊的特性，使得它们不适合要求整洁的形式和鲜明轮廓的规则景观。

② 中粗型

中粗型植物指具有中等大小叶片、枝干，以及具有适度密度的植物，在植物中占绝大多数。中粗型植物一般透光性差，有较明显的轮廓。因为中粗型质地的中性地位，在种植成分中应该占最大比例，成为设计的基本结构。中粗型植物可以作为过渡成分，将布局中的各个部分连接成统一的整体。

③ 细小型

细小型质地的植物通常长有细小的叶片和微小脆弱的小枝，具有整齐、密集的特性。

细小型质地植物的特性和设计能力与粗壮型正相反，柔软纤细，不醒目，可以充当其他重要成分的中性背景。细小型质地的植物具有远离观赏者的倾向，可以“扩展”空间，对于紧凑狭小的空间特别适用。

细小型质地的植物由于叶片和枝条细密，轮廓非常清晰，外观密实，可以被修剪出整齐、清晰、规则的形态，应用于规整的空间环境中。

5.1.3 植物的分类

在前文的讲述中，从植物的观赏特性方面有涉及诸如大小、形态、质感等方面的一些不同的分类，此外，还有一些其他分类标准下的不同类型。

（1）按植物生长性或体形分类

景观植物按其生长性或体形可分为木本观赏植物和草本观赏植物两大类。

木本观赏植物又可分为乔木类、灌木类、木质藤本类和竹类等。

草本观赏植物又可分为一年生、二年生和多年生草本花卉。

（2）按主要观赏部位分类

① 观花类

花色、花形、花香等表现突出，如玉兰、桂花、山茶、梅花、月季、牡丹（*Paeonia suffruticosa*）、水仙、三色堇等（图5.13）。

② 观果类

果实显著、挂果丰满宿存时间长，如南天竹、佛手、金柑、冬珊瑚、朱砂根、乌柿等（图5.14）。

③ 观叶类

叶色、叶形或叶的大小、着生方式等独特，如银杏、鹅掌楸、变叶木、彩叶芋、龟背竹、肖竹芋属、竹芋属及其他一些观叶植物（图5.15）。

④ 赏枝干类

枝、干有独特的风姿或有奇特的色泽、附属物等，如白皮松、红瑞木、竹节蓼、仙人掌类植物（图5.16）。

⑤ 赏根类

赏根类植物如榕树、红叶露兜树等（图5.17）。

⑥ 赏株形类

赏株形类植物如雪松、龙柏、南洋杉、龙爪柳等。

（3）按用途分类

① 行道树类

行道树类植物主要是指栽植在道路系统，如公路、街道、园路、铁路等两侧，整齐排列，以遮阴、美化为目的的乔木树种。行道树为城乡绿化的骨干树，能统一、组合城市景观，体现城市与道路特色，创造宜人的空间环境（图5.18）。

② 孤散植类

孤散植类植物主要是指以单株形式，布置在花坛、广场、草地中央，道路交叉点，河流曲线转折处外侧，水池岸边，庭院角落，假山、登山道及园林建筑等处的起主景、局部点缀或遮阴作用的一类树木（图5.19）。

③ 垂直绿化类

垂直绿化类植物主要根据藤蔓植物的生长特性和绿化应用对象来选择树种，如墙面绿化可选用爬山虎、薜荔、常春藤等具吸盘、不定根的种类；棚架绿化宜用木香、紫藤、葡萄、藤本月季、蔷薇、凌霄、叶子花、使君子、长春油麻藤等；陡岩坎绿化则可以蔷薇、忍冬、枸杞、云南黄素馨等为材料（图5.20）。

④ 绿篱类

绿篱类植物通常是以耐密植，耐修剪，养护管理简便，有一定观赏价值的木本观赏种类为主。绿

图5.13　观花类植物

图5.14　观果类植物

图5.15　观叶类植物

图5.16　赏枝干类植物

图5.17　赏根类植物

图5.18　行道树类植物

图5.19　孤散植类植物

图5.20　垂直绿化类植物

图5.21　绿篱类植物

图5.23　草坪地被类植物

图5.22　造型类及树桩盆景类植物

图5.24　花坛花境类植物

篱种类不同，选用的树种也会有一定差异。根据绿篱高度，可分3类：高篱类、中篱类、矮篱类；以观赏特性可分为花篱类、果篱类、刺篱类（图5.21）。

⑤ 造型类及树桩盆景类

造型类植物是指经过人工整形制成的各种物像的单株或绿篱，有时又将它们统称为球形类树木。造型形式众多，对这类树木的要求与绿篱类基本一致，但以常绿种类，生长较慢者更佳，如罗汉松、海桐、枸骨、冬青卫矛、六月雪、黄杨等（图5.22）。

⑥ 草坪地被类

草坪地被类植物是指那些低矮的、可以避免地表裸露，防止尘土飞扬和水土流失，调节小气候，丰富园林景观的草本和木本观赏植物。草坪多为禾本科植物，可分为暖季性草坪和冷季性草坪。地被类木本习性的如铺地柏、地瓜藤、八角金盘、日本珊瑚、萼距花属、雀舌花等；草本习性的如蝴蝶花、吊兰、沿阶草属、山麦冬属等（图5.23）。

⑦ 花坛花境类

花坛花境类植物是指露地栽培，用于布置花坛、花境或点缀园景用的观赏种类，如三色堇、金鱼草、金盏菊、万寿菊、一串红、矮牵牛、鸡冠花、羽衣甘蓝、彩叶草、菊花、郁金香、风信子、水仙、四季秋海棠等（图5.24）。

（4）按形态、习性、分类学地位的综合分类

以上几种分类都是从某一方面出发对景观植物进行的分类，所遵循的分类依据单一，多带有一定的片面性，难免顾此失彼，性状又常彼此交叉重叠，在不同程度上均有其局限与片面性。以景观植物的形态、习性及分类学地位为依据的综合分类法，取长补短，既便于区分，更有利于实用。

① 针叶型树类

针叶型树类包括全部的针叶树种，以松、杉、柏为主体，不少为优秀的观形赏叶树木，在园林绿地中应用极为广泛，其中的雪松、金钱松、日本金松、巨杉、南洋杉被誉为世界五大公园树种。针叶型树又可分为常绿针叶树种（如松属、雪松、柳杉属、柏科等）和落叶针叶树种（如落叶松属、金钱松、水杉、落羽杉属、柽柳等）两大类。

② 棕榈型树类

棕榈型树类是指树形较特殊的一类观赏树木。常绿，树干直，多无分枝，叶大型，掌状或羽状分裂，聚生茎端。它包括棕榈科、苏铁科植物，分布于热带及亚热带地区，性不耐寒，适应性强，观赏价值大，在我国主要产于南方。

③ 竹类

竹类是指禾本科竹亚科的多年生常绿树种。竹类为我国园林传统的观赏植物，素有高风亮节的雅誉，历来为人们所喜爱和颂扬。其主要产地为热带、亚热带，少数产于温带，我国主要分布于秦岭、淮河流域以南地区。

④ 阔叶型树类

阔叶型树类是种类最多的一类观赏树木，主要为双子叶植物。叶片大小介于针叶型类与棕榈型类树木叶片之间，叶形千差万别。既有观花、观叶、观形、观果树种，也可组成大片森林，产生显著的生态环境效益。其分布范围极广，用途多样，是温带及亚热带主要树种。阔叶型树类又可分为以下四种：

A. 常绿乔木类。主要分布于热带、亚热带地区，不耐寒，四季常青，包括了木兰科、樟科、桃金娘科、山茶科、木犀科等的多数属、种。

B. 落叶乔木类。为我国北方主要阔叶树种，较耐寒，季相变化明显，如山毛榉科、杨柳科、胡桃科、桦木科、榆科、悬铃木科、金缕梅科、漆树

科、豆科等的许多种。

C. 常绿灌木类。在华南常见，耐寒力较弱，北方多在温室栽培，种类众多，其中的龙血树类、鹅掌木、孔雀木、变叶木、红背桂、绿萝等为著名的观叶树种。

D. 落叶灌木类。分布很广，种类也不少，用途广泛，许多种类都是优秀的观花、观果、观叶树种，被大量用于地栽、盆栽观赏。

⑤ 藤蔓类

藤蔓类树木主要用于垂直绿化。种类繁多，习性各异。从植物系统分类上看，藤蔓植物主要分布在桑科、葡萄科、猕猴桃科、五加科、葫芦科、豆科、夹竹桃科等科中。

⑥ 草本花卉类

草本花卉类分布很广，种类繁多。它可分为一二年生花卉、球根类、宿根类、多浆及仙人掌类、室内观叶植物、水生花卉及草坪地被类等。

5.1.4 种植设计的原则

① 植物作为景观设计要素，不仅仅只是装饰因素，应该在景观设计构思阶段，结合其不同方面的功能，作为综合要素与地形、建筑、铺装、水体等所有要素一同加以分析研究。

② 在利用植物进行设计时，要充分考虑与景观设计密切相关的植物的特性，如大小、形态、色彩和质地等方面，充分发挥植物的特点，以满足设计的实用性和观赏性。

③ 设计要着眼总体，处理好植物与建筑、地形、水体、道路广场等的关系。重视植物的景观层次以及不同位置的观赏效果，既可远观，又能近看。

④ 选择合适的植物种类，因地制宜，适地适树，满足植物的生态要求。

5.1.5 植物种植的基本形式

（1）孤植

孤植是指乔木或灌木孤立种植的形式，通常是单株，也可以是同一树种的二、三株紧密种植形成一个单元。孤植主要表现植物个体的特点，构成视觉焦点。孤植树通常选择姿态优美、轮廓鲜明、生长旺盛、寿命长，观赏价值高的树种，如银杏、槭树等。孤植树种植的地点，要求比较开阔，保证树冠有足够的空间，也有比较合适的观赏距离和观赏点。孤植树不能孤立地处置，必须与周围环境和景物相协调。

（2）对植

对植是指用两株或两丛相同或相似的树，按照一定的轴线关系，作相互对称或均衡的种植方式，在规则式种植中对称布置，而在自然式种植中，虽然不对称，但仍保持左右均衡。对植在构图上形成夹景，通常应用于建筑、广场的入口或道路的两侧，很少作主景。

（3）列植

列植即行列栽植，是指乔灌木按一定的株行距成排成行地种植，或在行内株距有变化。行列栽植形成的景观比较整齐、单纯、气势宏大。列植宜选用树冠体形整齐的树种，如圆形、卵圆形、倒卵形、椭圆形、塔形、圆柱形等。不宜选枝叶过于稀疏、树冠不整齐的树种。列植的基本形式有两种：一是等行等距，即树阵式栽种，从平面上看是成正方形或品字形的种植点，多用于规则式景观绿地中，如城市广场；二是等行不等距，即行距相等，行内的株距有疏密变化，从平面上看是成不等边的三角形或不等边四角形，显得灵活、景观多变，可用于规则式或自然式园林局部，如路边、广场边缘、水边、建筑物边缘等，从规则式栽植到自然式栽植的过渡，也可通过调整株距疏密变化而达到目的。

（4）篱植

由灌木和小乔木以近距离的株行距密植，栽成单行或双行的，结构紧密而规则，成为绿篱或绿墙，这种种植形式称为篱植。根据高度的不同，分为绿墙、高绿篱、绿篱和矮绿篱四种。根据功能要求与观赏要求不同，分为常绿绿篱、花篱、果篱、刺篱、落叶篱、蔓篱与编篱等。在景观设计中常以绿篱作限定要素，分隔空间或控制视线，绿篱和绿墙还可以作为背景。

（5）丛植

由两株到十数株同种或异种乔木或乔、灌木组合而成树丛的种植方式。丛植是常用的一种种植类型，以反映树木群体美的综合形象为主，要处理好株间、种间的关系，株间疏密有致，种间尽量选择有搭配关系的树种，使之成为一个有机的整体。丛植中的单株树木，也需要在统一的构图中表现出个体美。从树种种类看，树丛可分为单纯树丛与混交树丛。混交树丛树种不宜太多，形态差异也不能过分悬殊，要体现出整体性。

（6）群植

群植是由20~30株以上的多数乔灌木混合成群栽植而成的形式，可分为单纯树群和混交树群两种。树群所表现的主要为群体美，对树种个体美的要求不严格。树群通常可作构图的主景，用于观赏。树群应该布置在有足够观赏视距的开敞场地上，树群主立面的前方，至少在树群高度的4倍、树宽度的1.5倍距离上，要留出空地，以便游人欣赏。树群也常用作背景或配景，以衬托环境、遮蔽不良视线、围合或隔离空间。树群配置首先应满足各个树木的生态习性，其次，从景观角度考虑，要注意树群林冠线起伏，林缘线有变化，主从分明，高低错落，有立体空间层次，色彩季相丰富，四季有景可赏。常采用常绿与落叶的搭配、针叶与阔叶搭配、乔木与灌木的搭配等。树群内植物的栽植距离要有疏密的变化，要构成不等边三角形，切忌成行、成排、成带地栽植。

（7）林植

成片、成块大量地栽植乔灌木以构成林地和森林景观的称为林植，多用于公园、风景区、防护林带等。密闭度在0.7~1.0为密林，密林又分为由单一树种组成的单纯密林和具多层结构植物群落的混交密林；密闭度在0.4~0.6为疏林，长与草地结合，又称为草地疏林。林植体现的是树木按照科学性、艺术性组合起来形成的整体形象，是林相、环境、植物个体间的一种组合美，由于树种组成、生长发育阶段及观景位置不同，会呈现出多种多样的景象。

5.2　植物与主要生态因子

植物同其他生物一样，其生长发育除决定于本身的遗传特性外，还决定于外界的环境因子，它赖以生存的主要因子有温度、光照、水分、土壤、大气以及生物因子等。了解和掌握景观植物生长发育与外界主要生态因子的关系，对植物的生产、栽培具有重要意义。

（1）温度

温度是影响植物生长发育最重要的环境因子之一，因为它影响着植物体内的一切生理变化。每一种植物的生长发育，对温度都有一定的要求，都有温度的三基点：最低温度、最适温度和最高温度，也即温度最低点、最适点和最高点。植物种类不同，原产地不同，温度的三基点也不同。原产于热带的植物，生长的基点温度较高，一般在18 ℃开始生长；原产于温带的植物，生长基点温度较低，一般在10℃左右开始生长；而原产于亚热带的植物，其生长的基点温度介于前两者之间，一般在15~16 ℃开始生长。同时每种植物的萌芽、开花、结果等生长发育过程不仅要求有一定的温度条件，而且有一定的适应范围，如果温度超过植物所能忍受的范围时，则会产生伤害。高温会破坏体内的水分平衡，导致萎蔫甚至死亡。温度过低，则会造成细胞内外结冰，质壁分离而发生冻害，甚至死亡。

（2）光照

光照是植物的生存条件之一，是植物制造有机物质的能量源泉，它对植物生长发育的影响主要有以下两个方面：

① 光照强度对植物的影响

光照强度常依地理位置、地势高低以及云量、雨量的不同而变化，一般随纬度增加而减弱，随海拔的升高而增强。一年中以夏季光照最强，冬季光照最弱；一天中以中午光照最强，早晚最弱。光照强度不同，不仅直接影响光合强度，而且还影响到一系列形态上和解剖上的变化，如叶的大小、茎的粗细、花色浓淡等。

另外，不同的植物对光照强度的反应也不一样，多数露地栽培的园林植物在光照充足的条件下，植株生长壮，着花多，花大；而万年青、铃兰、杜鹃等在过强的光照下生长会受到影响。因此常依植物对光照强度的不同要求，将其分为以下几类:

A. 阳性植物。又称喜光植物。在阳光充足条件下，才能生长发育良好，如落叶松、水杉、银杏等园林绿化树种，多数露地一二年生草本花卉，球根、宿根花卉，仙人掌科和景天科等多浆植物，大多数草坪草如结缕草、狗牙根等都是喜光植物。阳性植物一般枝叶稀疏透光，自然整枝良好，生长较快，寿命较短。

B. 阴性植物。该类植物在适度庇荫的条件下方能生长良好。阴性植物一般枝叶浓密，透光度小，自然整枝不良，生长较慢，寿命较长。它们多生长在热带雨林下或分布于林下及阴坡，如兰科、凤梨科、天南星科及秋海棠科等草本植物。具有较强的耐阴能力的木本植物有红豆杉、云杉、金银木、八角金盘及八仙花等。

C. 中性植物。既喜光向阳，又有一定的耐阴能力。大多数树种属于中性植物，如榆树、元宝枫、桧柏、侧柏、樟树、榕树等，草本的有萱草、耧斗菜、桔梗等。木本植物对光的需求不是固定的，常随着树龄、环境、地区的不同而变化。通常幼苗、幼树耐阴能力高于成年树。同一树种，生长在湿润肥沃的土壤上，它的耐阴能力就强一些；生长在干旱贫瘠的土壤上常常表现出阳性树种的特征。

② 光照时间对植物的影响

光照时间的长短，对各种植物的花芽分化和开花有显著的影响。根据植物开花对光照要求的不同，将景观植物分为三类。

A. 长日照植物。这类植物要求较长时间的光照才能开花，每天需要日照长度超过12 h的为长日照植物。一般每天有14~16 h的日照，可以促进长日照植物开花。

B. 短日照植物。这类植物要求每天光照短于13 h，而在夏季长日照条件下，只进行营养生长，不能开花或延迟开花。只有在每天光照8~12 h的短日照条件下才能够促进开花，如一品红、菊花等。一般原产于低纬度的热带和亚热带地区的植物，由于全年日照均等，昼夜几乎都是12 h，故为短日照植物。

C. 中日照植物。这类植物对日照长度要求不严，对光照长短没有明显反应，如天竺葵、月季、扶桑、马蹄莲等，只要温度适宜、营养丰富，一年四季均可开花。

（3）水分

水为植物体的重要组成部分，也是其生命活动必需的物质，没有水植物就不能生存。由于植物长期生长在不同的降水条件下，为了适应自然环境中的水分条件，植物体在形态上和生理机能上形成了对水分的特殊要求。通常根据植物对水分的不同要求，将其分为以下四类:

① 旱生植物。这类植物耐旱性强，能忍受空气和土壤的较长期干燥而继续生活。它们原产于热带或沙漠，在大气和土壤干燥的环境下，为了适应干旱环境，在外部形态和内部构造上都产生许多适应性的变化。叶片变小，多退化成鳞片状、针状或刺毛状，叶表面具有较厚的蜡质层、角质层或茸毛，以减少水分蒸腾；或茎叶具有发达的储水组织，或根系极发达，能从较深的土层内和较广的范围内吸收水分。

② 中生植物。大多数植物属于中生植物，不能忍受过干或过湿的环境。但由于种类众多，因而对干与湿的忍耐程度方面具有很大差异。以中性木本植物而言，油松、侧柏等有很强的耐旱性，但仍以在干湿适度的条件下生长最佳；而旱柳、紫穗槐、桑树等，则有很高的耐水湿能力，也仍以在中生环境下生长最佳。

③ 湿生植物。此类植物需生长在潮湿的环境中，若在干燥或中生的环境下，则常生长不良或死

图5.25　水生植物

亡。根据实际的生态环境又可分为阳性湿生植物和阴性湿生植物两种。前者是指生长在阳光充足、土壤水分经常饱和的环境下的湿生植物（可耐短暂的干旱），如沼泽化草甸、河湖沿岸低地生长的鸢尾、池杉、水松等。后者是指生长在光线不足、空气湿度较高、土壤潮湿的环境下的湿生植物，如蕨类、海芋、杜鹃、秋海棠类等。

④ 水生植物。此类植物的共性是根的全部或部分必须生活在水中，遇干旱则枯死。它可分为挺水植物、浮叶植物、漂浮植物及沉水植物。挺水植物的根或根状茎生于泥中，植株茎、叶和花高挺出水面，如荷花、千屈菜等；浮叶植物的根或根状茎生于泥中，茎细弱不能直立，叶片漂浮在水面上，如王莲、睡莲等；漂浮植物的根悬浮在水中，植株漂浮于水面上，随着水流、波浪四处漂泊，如凤眼莲、荇菜等；沉水植物整株沉于水中，无根或根系不发达，通气组织特别发达，利于在水中进行气体交换，如金鱼藻（图5.25）。

（4）土壤

土壤是植物生长的基础，土壤状况（指土壤的酸碱度、水、肥、气、热等）对植物的生长发育有极其重要的影响。在中国，在气候干旱的黄河流域分布的主要是中性或钙质土壤，在潮湿寒冷的山区、高山区和暖热多雨的长江流域以南地区，则以酸性土为主。按照中国科学院南京土壤研究所1978年标准，我国土壤酸碱度可分为5级，即强酸性为pH<5.0，酸性为pH5.5～6.5，中性为pH6.5～7.5，碱性为pH7.5～8.5，强碱性为pH>8.5。植物不能在过酸或过碱的土壤里生长。

根据植物对土壤酸碱度的适应能力，通常将景观植物分成三类：

① 酸性土植物。是指在酸性土壤上生长最旺盛的种类。这类植物适宜的土壤pH值在6.5以下，如山茶、杜鹃、马尾松、蒲包花、茉莉、吊钟海棠、红桦、白桦、橡皮树和棕榈科植物等。

② 中性土植物。是指在中性土壤上生长最佳的种类。这类植物适宜的土壤pH值为6.5~7.5，大多数园林植物属于此类，如杨树、柳树、梧桐、金盏菊、风信子等。

③ 碱性土植物。在碱性土壤上生长最好的种类。这类植物适宜的土壤pH值在7.5以上，如石竹、天竺葵、玫瑰、柽柳、沙棘、文冠果、紫穗槐等。

5.3　植物施工栽植

5.3.1　栽植成活原理

景观植物栽植遵循水分平衡原理，苗木的根系所吸收的水分与树冠消耗的水分总是处于一种平衡状态，即苗木根系吸收水分≈树冠蒸腾的水分＋树冠其他生命活动消耗的水分（如光合作用消耗的水分）。

苗木的“栽植”，是一个系统的、动态的操作过程。在景观绿化工程中，苗木栽植更多地表现为“移植”。苗木的栽植对象是有生命的多年生木本植物材料，一般情况下，它包括起挖、装运和定植三个环节。

在挖掘、运输和定植过程中，要尽可能减少对树体的损伤。为确保栽植苗木成活并正常生长，应对苗木栽植的原理有所了解。要遵循树体生长发育的规律，选择适宜的栽植树种；掌握适宜的栽植时期，采取适宜的栽植方法，提供相应的栽植条件和管护措施；要特别关注树体水分代谢生理活动的平衡，协调树体地上部和地下部的生长发育矛盾，促进根系的再生和树体生理代谢功能的恢复，使树体尽早、尽好地表现出根壮树旺、枝繁叶茂、花果丰硕的蓬勃生机，圆满达到种植设计所要求的生态指标和景观效果。

5.3.2 栽植对策

（1）适树适栽

根据树种的不同特性采用相应的栽培方法，特别是根据其水分平衡调节适应能力来采取相应的措施。对于易栽成活的树种（如黄葛树、红继木等），可采用裸根栽植，不易成活的树种（如天竺桂、桂花等）须带土球并采取相应的水分调节措施。一般树木的栽植，对立地条件的要求为土质疏松、通气透水。对根际积水极为敏感的树种，如雪松、广玉兰、桃树、樱花等，在栽植时可采用抬高地面或深沟降渍的地形改造措施。

（2）适时适栽

落叶树种多在秋季落叶后或在春季萌芽前进行，因为此期树体处于休眠状态，生理代谢活动滞缓，水分蒸腾较少且体内储藏营养丰富，受伤根系易于恢复，移植成活率高。常绿树种栽植，在南方冬暖地区多行秋植，或于新梢停止生长期进行；冬季严寒地区，易因秋季干旱造成“抽条”而不能顺利越冬，故以新梢萌发前春植为宜；春旱严重地区可行雨季栽植。受印度洋干湿季风影响，有明显旱、雨季之分的西南地区，以雨季栽植为好，抓住连阴雨或“梅雨”的有利时机进行。

（3）适法适栽

① 裸根栽植。此法多用于常绿树小苗及大多落叶树种。裸根栽植的关键在于保护根系的完整性，骨干根不可太长，侧根、须根尽量多带。

② 带土球移植。常绿树种及某些裸根栽植难于成活的落叶树种，如黄角兰、玉兰等，多行带土球移植。大树移植和生长季节栽植也要求带土球进行。

5.3.3 栽植的程序和要点

（1）栽植前的准备

景观植物栽植是一种时效性很强的系统工作，其准备工作是否及时、完善会影响到栽植进度和质量，影响到植物的栽植成活率及其后植物的生长状况，影响设计景观效果的表达和生态效益的表达。

① 编制施工计划和工具材料的准备

A.进行人员、材料的组织和调配，制订相关的技术措施和质量标准。

B.施工计划准备，包括组织计划、施工方案准备、工程进度计划表、质量保证措施、养护管理措施、质量、安全保证体系等。

② 调查立地条件

移入地的土壤、水分、光照、气候、空气质量等立地环境条件，要尽可能与苗木原生长环境条件一致或相似，才能提高苗木移栽成活率。在移栽前，调查苗木及周边立地条件，为苗木移栽作准备。

③ 地形与土壤准备

依据设计图纸进行种植现场的地形处理，使栽植地与周边道路、设施等的标高合理衔接，排水降渍良好，并清理有碍苗木栽植和植后树体生长的建筑垃圾和其他杂物。乔木种植地平整、回填的栽植土已达到自然沉降的状态，地形的造型和排水坡度符合设计要求且恰当，无低洼和积水处。栽植前要对土壤的排水性能、理化性质等进行测试分析，明确栽植地点的土壤特性是否符合栽植树种的要求，是否需要采用适当的改良措施。

④ 苗木的准备

A.苗木选择。苗木选择应当在乔木定植6个月以前进行。因此，尽早确定景观种植设计乔木种类，以便选苗并及时进行移栽前的断根处理。选苗应按景观设计要求选择乔木的品种和规格。苗木选择的一般标准为无病虫害、树叶茂盛、姿态美观、生长健壮、再生能力强的苗木。

B.提前断根。对移栽的大树必须在移栽前1~2年进行切根（缩坨）。

C.截干和整枝。挖掘大树时，其根系不可避免受到较大的破坏，而新的根系的形成需要一段时日。为减少树体蒸腾，通常用截干和整枝打叶的办法保持其水分的平衡。

（2）苗木的栽植

① 定点放线

依据施工图进行定点测量放线，对设计图纸上无精确定植点的苗木栽植，特别是树丛、树群，可先划出栽植范围，具体定植位置可根据设计思想、树体规格和场地现状等综合考虑确定。以树冠长大后株间发育互不干扰，能完美表达设计景观效果为原则。

② 树穴开挖

挖掘树穴前，应向有关单位了解地下管线和隐蔽物埋设情况。按设计位置挖树穴，树穴的规格应根据根系、土球大小而定。树穴的平面形状以便于操作为准，多以圆、方为主。树穴的大小和深浅应根据苗木规格和土层厚薄、坡度大小、地下水位高低及土壤墒情而定。

③ 苗木的起挖。乔木起挖时间应避开高温酷热及光照强烈的天气，选择阴天早晨或傍晚进行，以减少乔木的水分蒸发。挖掘高大乔木或冠幅较大的乔木时，应当设立支柱或浪风绳来固定树体，减小挖掘过程中环境风对土球、乔木根系的破坏。起苗要达到一定深度，要求少伤侧根、须根，保持根系比较完整和不折断苗干，不伤顶芽（萌芽力弱的针叶树），严格按植物的取土粒径及包装要求实施挖取工作。

A. 裸根起挖。大部分落叶树种可行裸根起挖。挖掘尽可能多地保留吸收功能的根系，并防止发生主根劈裂。移植苗木挖掘过程中所能携带的有效根系，水平分布幅度为主干直径的6～8倍；垂直分布深度为主干直径的4～6倍。苗木起出后要注意保持根部湿润，避免因日晒风吹而失水干枯，并做到及时装运、及时种植。运距较远时，根系应打浆保护。

B. 带土球起挖。常绿树、名贵树和花灌木的起挖要带土球，土球直径不小于树干胸径的6～8倍，土球纵径通常为横径的2/3；灌木的土球直径为冠幅的1/3～1/2。为防止挖掘时土球松散，如遇干燥天气，可提前一二天浇透水，以增加土壤的黏结力，便于操作。挖掘高大的苗木或冠幅较大的苗木前应立好支柱，支稳苗木。应保证土球完好，尤其雨季更应该注意。

④ 苗木的装运

装卸和运输过程应保护好乔木，尤其是根系。

吊装裸根乔木，应特别注意保护好根部，减少根部劈裂、折断，装车后盖上湿草袋或苫布遮盖加以保湿保护；吊装带土球乔木时，应保护好土球完整，不散坨；吊装竹类时，不得损伤竹竿与竹鞭之间的着生点和鞭芽。

取树后应及时运至甲方指定的下车地点，取运整个过程时间最好不要超过24 h，并应尽量保证乔木的树冠幅不受损伤。路途远、气候过冷、风大或过热时，根部必须盖草包等物进行保护，并采取保水措施，保持根系新鲜湿润，防止曝晒风干。乔木运到栽植地后必须检查树枝和泥球损伤情况。

⑤ 苗木的假植

如果移栽的大树不能及时进行定植，需要进行假植。假植是指苗木起运到目的地后，因诸多原因不能及时定植的情况下，将苗木根系用湿润土壤进行临时性的埋植措施。假植的目的是为了保持苗木根部活力，维持树体水分代谢平衡。假植的地点应选择靠近栽植地点、排水良好、凉阴背风处。

假植大树前，要做好假植用土。一般选用沙质壤土，如菜田土、水稻土，若选用黏性大的红壤土，可加20%～25%的木屑或泥炭土进行改良使用。为了将来在工程施工时移栽定植方便，保证土球完整不会再次重伤根系，提高种植成活率和园林的造景效果，假植时最好用砖砌筑圆墩假植。砌墩的大小按大树的胸径大小和根系生长量来取定。除用砖墩假植外，一般胸径在15～25 cm的大树还可以用坚韧的毛纺纤维布袋假植。也可采用移栽塘的方式进行假植。

假植期间的养护与管理也需要加强。大树假植后，做好支撑，然后淋足淋好第一次定根水，以后就要注意树干的保湿，直至大树重新生根发芽长出枝叶。假植成活后还要注意培养树形。临时假植时间不宜过长，一般不超过一个月。

⑥ 苗木的定植

定植是指按规范要求将苗木植入目的地树穴内的操作。

乔木在定植前需加以检查，如在运输中有损伤的树枝和树根，必须加以修剪，大的修剪口应作防腐处理。种植前可摘叶的应摘去部分叶片，但不得伤害幼芽。同时，可在树冠喷布抗蒸腾剂，以调节树体水分平衡。种植前应进行乔木根系修剪，宜将劈裂根、病虫根、过长根剪除，剪口要平滑，并进行消毒处理，防止根系霉变腐烂。种植乔木（特别是裸根乔木）前应采取根部喷布生根激素、增加浇水次数等措施，促使栽后的新根生长。

苗木定植时，应注意将树冠丰满完好的一面朝向作主要的观赏方向。对人员集散较多的广场、人行道，苗木种植后，种植池应铺设透气护栅。

A. 带土球栽植。种植的乔木应保持直立，不得倾斜，乔木定向应选丰满完整的面，朝向主要视线。定植时土球（或种植穴）底部堆放20～30 cm土层，以使土球底部透水透气，便于新根系的生长。乔木栽植深度应保证在土壤下沉后，根茎和地表面等高。移植处在地面低洼时，应堆土填高。带土球种植整个过程不可破坏土球。

B. 裸根栽植。裸根栽植将根群舒展在坑穴内，填入结构良好疏松的土壤，并将乔木略向上提动、抖动，扶正后边培土，边分层夯实，不断填土、浇水，直到土面约高出根茎10 cm并不再下沉为止，做围堰并浇足定根水。

不论带土球或裸根移植，坑内填土不得有空隙。竹类定植，填土分层压实时，靠近鞭芽处应轻压，以免竹蒂受伤脱落。在假山或岩缝间种植应在种植土中掺入苔藓、泥炭等保湿透气材料。绿篱成块状群植时，应由中心向外顺序退植。坡式种植时应由上向下种植。大型块植或不同彩色丛植时，宜分区分块种植。

⑦ 大树的移植

大树移植是指移植胸径在15 cm以上的落叶苗木和胸径在10 cm以上的常绿苗木。胸径30 cm以上的快长树和胸径25 cm以上的慢长树一般不宜移植。

移植前应对移植大树的生长情况（生长势）、立地条件（土壤）、周围环境（光照、树冠、干阴阳面）、交通状况等作详细调查研究，制订移栽的技术方案。

对移栽的大树必须在移栽前1~2年进行切根（缩坨）。栽植前应根据设计要求定点、定树、定位，栽植土的理化性状要符合所植苗木的生长要求。大树栽植应严格按照苗木原生长方向，注意将丰满完整的树冠面朝主观赏面，大树起吊栽植必须一次性到位，避免损坏土球，破坏根系。入穴定位后，应采用浪风绳对大树做临时固定，栽植后立即拆除浪风绳设立支柱支撑，防止树身倾斜、摇动。大树移植后必须在主干和一二级主枝用草绳或新型软性保湿材料卷干。

⑧ 成活期的养护管理

乔木定植后必须配备专职技术人员精心养护管理两年，并作好养护管理日志。

A.浇水。栽植后当时浇透第一遍水，3天内浇第二遍水、一周内完成第三遍水。土虽不干，但气温较高、水分蒸腾较大时，应对地上部分树干、树冠包扎物及周围环境喷雾达到湿润，同时可覆盖根部，向树冠喷施抗蒸腾剂，降低蒸腾强度。黏性土壤，宜适量浇水，根系不发达树种，浇水量宜较

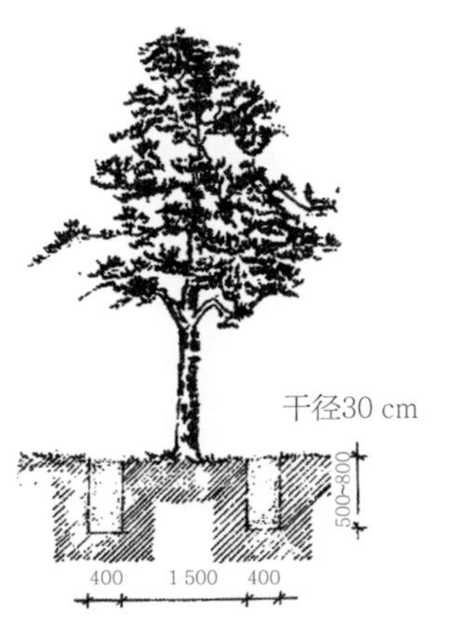

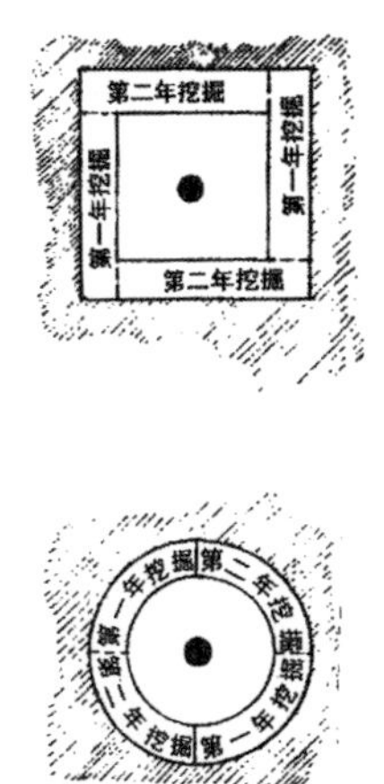

图5.26　提前断根

多；肉质根系树种，浇水量宜少。久雨或暴雨时造成根部积水，必须立即开沟排水。

B. 适当施肥。移栽苗木的新根未形成和没有较强的吸收能力之前，可采用根外施肥，一般10~20天进行一次，重复4~5次。

C. 树体裹干。常绿苗木和干径较大的落叶苗木，定植后需进行裹干，即用草绳、蒲包、苔藓等具有一定的保湿性和保温性的材料，严密包裹主干和比较粗壮的一二级分枝。一可避免强光直射和干风吹袭，减少干、枝的水分蒸腾；二可保存一定量的水分，使枝干经常保持湿润；三可调节枝干温度，减少夏季高温和冬季低温对枝干的伤害。

D. 固定支撑。定植灌水后，因土壤松软沉降，树体极易发生倾斜倒伏现象，需立即扶正。在栽植季节有大风的地区，植后应立支架固定，支架不能打在土球或骨干根系上。裸根苗木栽植常采用标杆式支架，即在树干旁打一杆桩，用绳索将树干缚扎在杆桩上。带土球苗木在苗木两侧各打入一杆桩，杆桩上端用一横担缚连，将树干缚扎在横担上完成固定。三角桩或井字桩的固定作用最好，且有良好的装饰效果，在人流量较大的市区绿地中多用。

E.搭架遮阳。大规格苗木移植初期或高温干燥季节栽植，要搭建阳棚遮阳，减少树体的水分蒸腾。对体量较大的乔、灌木树种，要求全冠遮阳，阳棚上方及四周与树冠保持30～50 cm间距，以保证棚内有一定的空气流动空间。遮阳度为70%左右，让树体接受一定的散射光，以保证树体光合作用的进行。成片栽植的低矮灌木，可打地桩拉网遮阳，网高距苗木顶部20 cm左右。

F. 培土除草。因浇水、降雨及人类活动等导致树盘土壤板结，影响苗木生长，应及时松土，促进土壤与大气的气体交换。松土不能太深，以免伤及新根。种植穴内的土壤，出现低洼和积水现象时，必须培土。人流量大的广场、人行道，还应在乔木根部铺设透气材料（树穴盖板）。种植后应当及时除草，否则会耗水、耗肥，藤蔓缠身妨碍苗木生长。

G. 除萌与修剪。在苗木移栽中，经强度较大的修剪，树干或树枝上可能萌发出许多嫩芽、嫩枝，消耗营养，扰乱树形。在苗木萌芽以后，除选留长势较好，位置合适的嫩芽或幼枝外，应尽早剥除。树干部位的萌芽应全部剥除，对切口上萌生的丛生芽必须及时剥稀，保留树冠部位能形成树冠骨架形态的萌芽。

H. 成活调查与补植。定期检查乔木支撑设施，出现松动时及时加固，避免风倒等事故发生。发现病虫害时，必须及时防除，并加强看管维护，防止自然灾害与人为破坏。苗木会由于一些原因出现萎蔫甚至死亡，如：栽植材料质量差，枝叶多，根系不发达，挖掘时严重伤根，根量过少；栽植时根系不舒展，甚至窝根；栽植过深、过浅或过松；土壤干旱失水或渍水；严重的机械损伤等。发现后应及时作特殊抢救处理，死亡的苗木则进行补植。

当植株叶绿有光泽，枝条水分充足，色泽正常，芽眼饱满或萌生枝正常，则可转入常规养护。

| 知识重点 |

1. 了解植物的景观及生态功能。
2. 掌握植物的分类。
3. 掌握种植设计的原则。
4. 熟悉植物与主要生态因子。
5. 掌握栽植的程序和要点。

| 作业安排 |

1. 实地调研、记录一小区植物的种类和规格。
2. 通过设计案例掌握种植设计。
3. 通过调研掌握栽植的程序和要点。

6 景观小品

景观小品是景观设计重要的组成部分，是具有三维尺度的构筑要素，有坚固性、稳定性和相对长久性。景观小品是规模较小的设计要素，用以增加和完善室外环境中的细节处理，增加室外环境的空间特性和价值，满足人性化的需求。

景观小品从功能上可以分为以下几类：

① 建筑小品。指景观环境中具有建筑性质的景观小品，如亭、廊、榭、花架等

② 设施小品。指为满足人们赏景、休息、娱乐、健身、宣传、卫生及安全防护等使用功能需要而设置的构筑物性质的小品。如台阶、墙垣、护栏、桥、椅凳、儿童娱乐设施、标识、垃圾桶等。

③ 造景小品。为提升视觉质量和空间品质设置的具美感和装饰情趣的小品，如雕塑、山石小品、水景小品等。

6.1 建筑小品

6.1.1 亭

亭是小品性建筑，四面均没有墙壁，仅由亭顶和柱子构成，偶尔点缀栏杆或桌椅，作庇荫、乘凉、眺望与点缀园景之用。亭一般置于道路末端或旁边、视线开阔或位置险要处，如山顶、山腰、水边、林间，或附设于其他建筑物旁（图6.1）。

（1）亭的特点

① 造型相对独立而完整，柱身空灵，屋顶形式变化丰富，造型自由，适合从各个角度去观赏，玲珑小巧。

② 亭的结构和构造相对简单，体量小，用料少，施工方便，建造灵活。可以木构瓦顶为主，也可用钢筋混凝土结构，还可用预制构件及竹、石等地方性材料，经济便利。

③ 布局灵活，既可独立设置，也可附设于其他建筑物，更可结合山石、水土、林木等基地条件要素创造出独特的空间意境。

（2）亭的基本构成

亭一般由台基、亭柱、亭顶和附设物组成（图6.2）。

① 台基

台基多以混凝土为材料，地上部分负荷较重者，需加钢筋、地梁；地上部分负荷较轻者，如用竹柱、木柱盖以稻草的亭，则仅在亭柱部分做混凝土基础即可。

② 亭柱

亭柱的构造因材料而异，有水泥、石块、砖、竹木等，由于亭一般均无墙壁，因此，亭柱在支撑和美观上的要求很高。柱的形式有方柱、圆柱、多

图6.1 亭

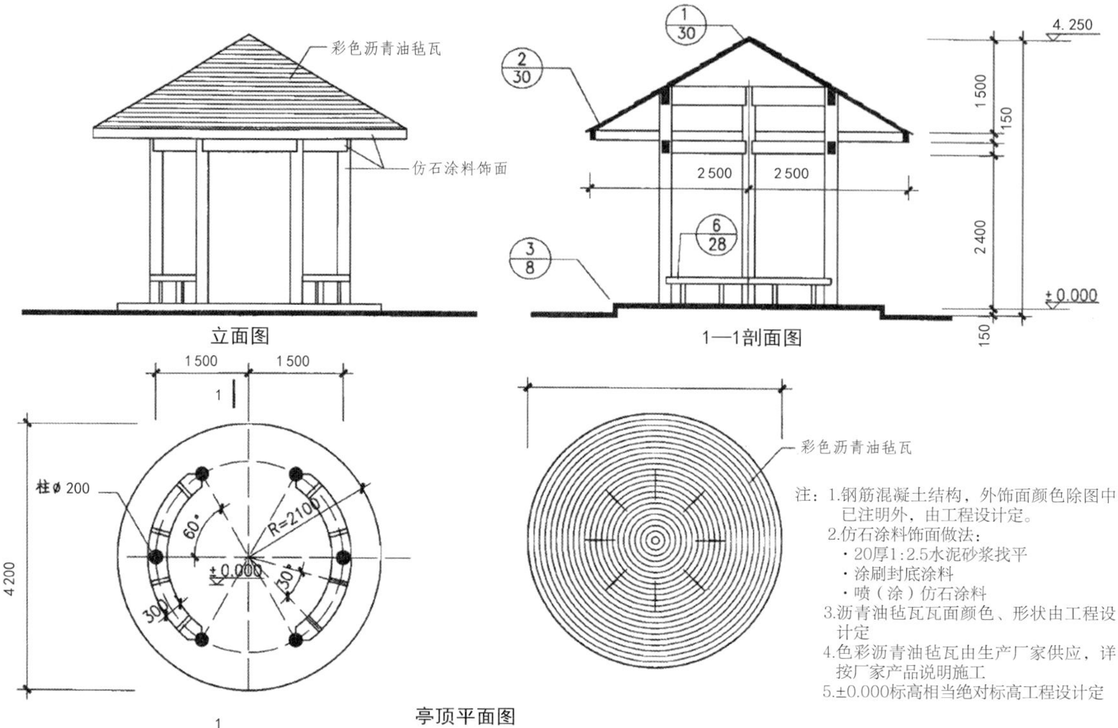

图6.2　亭的基本构成

角柱、格子柱等，柱的表面可绘制或雕刻图案花纹以增加美感。

③ 亭顶

亭的顶部梁架可用木料来做，也可用钢筋混凝土或金属构架。亭顶一般可分为平顶与尖顶两类。其形状有方形、圆形、多角形、十字形及不规则形等。顶盖的材料可为瓦片、稻草、茅草、树皮、木板、竹片、柏油纸、石棉瓦、塑胶片、铝片、洋铁皮等。

④ 附设物

为了美观和实用，往往在亭内附设桌椅、栏杆、盆钵、花坛等，以适量为原则，梁顶也可作各种装饰。

6.1.2　廊

廊是联系景观空间的一种通道式建筑，同时又是组织游览、庇荫休息、划分空间层次的建筑小品。廊通常为“线”的形态，在景观中具有联系的功能，可构成空间和交通上的联系，也可利用廊来围合和分隔空间，增加空间层次。同时，廊的形态自由、通透开畅，可独立成景。

（1）廊的特点

① 廊是由连续的单元组成，廊的基本单位为“间”，由“间”的重复连续组成长短不一的廊，平面上可曲可直，蜿蜒无尽。

② 廊具有通透性。廊多由柱子、门洞、漏窗等组成，体态开敞，明朗通透。

③ 廊适于多种基址条件，廊体型轻巧、结构简单，可以因地制宜，灵活设置，几乎不受基址条件的限制。

（2）廊的基本构成

从构成上看，廊与亭相似，也是由基础、柱身和屋顶3部分构成的，通常两侧空透，结构灵活。而与“点”式形态的亭不同的是，廊在空间布局上呈线形，具有纵深感，廊一般较窄，高度比亭矮。

廊的基本单位是“间”，“间”一般柱距3 m左右，横向净宽1.2～1.5 m，有休息功能或通行量较大时，宽度一般在2.5～3.0 m。

（3）廊的基本类型

① 按廊的平面形式分

A. 直廊（图6.3）。指在平面上呈直线形式布置的廊，造型简单，施工方便，但不宜过长，避免产生单调感。

B. 曲廊（图6.4）。廊在平面布置上曲折变化，也称折廊。曲廊可改变视景方向，增加对景和创造多角度的视景空间。

C. 回廊。 廊在平面上呈环状布置，沿廊可绕行一周，回廊可为曲折回廊，也可为圆形回廊。

② 按廊的立面形式分

A. 双面空廊。是最常见的一种类型，两侧只有列柱，均空透可以赏景，适用于景观层次丰富的环境。

B. 单面空廊。又称半廊，在景观中也较常见，廊一面为列柱，空透开敞，朝向主要景观空间，另一面筑墙或依附于其他建筑物，形成半开敞半封闭的空间。

C. 暖廊。在廊柱间装饰花格窗扇，一般用于北方寒冷地区。

D. 复廊。在两面空廊的中部有墙，墙上开设漏窗，形成两侧都是单面空廊的形式。复廊对两侧空间既有分隔又有渗透和联系，增加了景观空间的层次和深度。

E. 双层廊。又称复道阁廊，具有上下两层结构，也称楼廊。可以联系不同标高的建筑和景观，创造多样的视景体验。

F. 桥廊。 以桥为基础而建的廊，有时也称为廊桥，桥廊是桥与廊相结合的建筑形式，既提供休息赏景场所，又丰富了水面立体景观。

G. 单排柱廊。只有中间一排支柱支撑屋顶的廊，这种廊一般采用钢筋混凝土结构，屋顶两端略向上反翘，通常独立存在于庭园环境，造型轻巧。

H. 爬山廊。多建于山地，联系山坡上不同高程的建筑物或空间的廊。爬山廊多建于高差较大的山坡，台基多为阶梯状，可由下直线而上，也可依山势蜿蜒曲折而上。

③ 按廊的顶部构筑方式分

A. 屋式廊（图6.5）。这种廊具有密实、不透光的屋式顶部，有传统的如悬山、歇山、卷棚等顶式结构，也有现代常用的平顶结构。

B. 构架廊（图6.6）。顶部多采用花架一样的构筑方式，通透明朗。构架廊注重造景效果，遮阴和避雨等实用功能较弱。

C. 透光廊（图6.7）。顶部多为密实形，但多采用透明材料，能透光。

D. 简支单体组合廊（图6.8）。由两柱以廊的简支体组合而成，注重视觉上渐进渐深的造景效果。

（4）廊的结构与材料

① 木（竹）结构

木（竹）结构廊多为斜坡顶梁架，结构简单，梁架上为椽子、望砖和青瓦，或用人字形木（竹）屋架，简瓦、平瓦屋顶。

② 钢结构

钢和钢木组合结构的廊轻巧、灵活，机动性强，也比较多见。其结构构架基本上同木结构，除柱用钢管，其他均用轻钢构件，有时出于经济的考虑，部分使用木构件。

③ 钢筋混凝土结构

钢筋混凝土结构廊多为平顶与小坡顶，纵梁或横梁承重均可，屋面板可分块预制或仿瓦现浇。有时可做成装配式结构，除基础现浇外，其他全部预制。

6.1.3 花架

花架是用以支撑攀援植物藤蔓的一种棚架式建筑小品，所用的攀援植物多为观花植物，

如蔷薇、紫藤等，故而称为花架。花架可以说是以植物材料为顶的廊，有廊的功能，又因植物而更有生气。

（1）花架的特点

① 花架的造型比亭、廊等更为通透，其最大的特点是顶部只有梁枋结构，没有屋顶覆盖，除立面外，顶部也是空透的，利于植物生长和垂挂。

图6.3　直廊

图6.4　曲廊

图6.5　屋式廊

图6.6　构架廊

图6.7　透光廊

图6.8　简支单体组合廊

② 在平面布局上，花架即可像亭一样呈点状布置，也可作线形布置，起到廊的作用。

（2）花架的基本类型

花架可分为两大类，即廊式花架和亭式花架。

① 廊式花架

A. 梁柱式花架（图6.9）。有两排列柱的花架，称为梁柱式花架，是最为常见的花架形式，呈直线或折线布局。花架下可沿列柱设置条形座凳。

B. 墙柱式花架（图6.10）。是指支撑体一边为墙，一边为列柱的花架，有时两边都为墙面，柱上架梁，墙顶和梁上在设小枋。这种花架类似单面空廊，侧墙常用作花窗、花格或隔断，空间隔而不断。

C. 单排柱花架（图6.11）。是指只有一排柱子的花架，柱顶设纵梁，梁上架设较短小的枋，左右两侧出挑为较长的悬臂，通常为不对称出挑，较长的悬臂朝向主要景观空间。

D. 拱门及钢架式花架（图6.12）。花架的甬道采用半圆拱顶或拱门，材料多用钢筋、轻钢等，造型多变，颇具情趣。

② 亭式花架

A. 构架亭式花架（图6.13）。多以金属构架取亭的造型，是与植物搭配造景常用的形式，格架空透，造型多样。

B. 单柱式花架及壁立式花架（图6.14）。只有一根立柱的花架称单柱式花架，类似单柱亭，顶部为空透格状或放射状，传统的通常为圆形顶。供植物攀爬的支架或牵引网与墙壁结合时形成壁式花架，既有屏蔽和遮盖的作用，也能突出观赏效果。

6.2 设施小品

6.2.1 墙

墙是指在景观中构成坚硬的建筑垂直面的构筑物，多由石头、砖或混凝土建造而成。

墙垣主要分为两大类，即独立墙和挡土墙。独立墙单独存在，可不与其他要素联系，包括围墙、景墙等；挡土墙则是为防止土坡坍塌而建，处于斜坡或土方的底部。

（1）独立墙

① 独立墙的功能

A. 限定和分隔空间。独立墙可以在垂直面上制约和封闭空间，空间的限定程度取决于其高度和材料等。由于墙的垂直面空间坚硬且轮廓分明，因此构成的空间非常稳定。墙能将相邻的空间彼此分隔，互不干扰。

B. 屏蔽视线。可使用墙不同程度地对视线加以控制，可屏蔽不良景观，也可通过阻挡视线维护私密空间，还可通过视线引导创造趣味无穷的空间序列。

C. 调节微气候。墙体可最大限度地削弱阳光和风所带来的影响，通过阻挡或引导带来局部小气候的改变。

D. 视觉作用。墙体可成为空间中的视觉要素，既可作为其他重要景物的中性背景，也可由造型、材质、色彩、图案、虚实变化等自身产生视觉趣味。

② 独立墙的分类

A. 围墙。主要作为景观中的界墙和隔断存在，作为维护构筑物，围墙提供一个相对封闭、独立、安全的环境，主要承担防护和方便管理的功能。同时，作为整体环境的一部分，其美观性也应受到重视。

B. 花墙（图6.15）。具有窗洞、花格、格栅、门洞等的墙称为花墙，令空间既分隔又渗透。花窗等既有框景的作用，也可以自成一景。

C. 屏壁（图6.16）。指以屏障遮挡作用为主的墙体，对空间、视线、功能的分隔为实隔。

③ 独立墙的基本构成

独立墙一般由勒脚、墙体和墙头三部分组成（图6.17）。

A. 勒脚。勒脚是墙体与地面的接触面，对垂直立面的稳定起支撑作用，在强度要求不高的地方，墙体可以直接深入地下不需要设置勒脚；当强度或视觉稳定性要求高时，就需要设置通常宽于墙体的勒脚。

图6.9　梁柱式花架

图6.10　墙柱式花架

图6.11　单排柱花架

图6.12　拱门及钢架式花架

图6.13　构架亭式花架

图6.14　单柱式花架及壁立式花架

图6.15　花墙

图6.16　屏壁

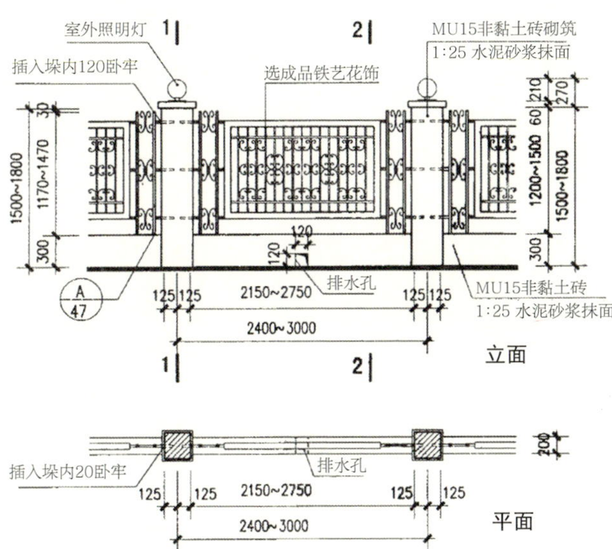

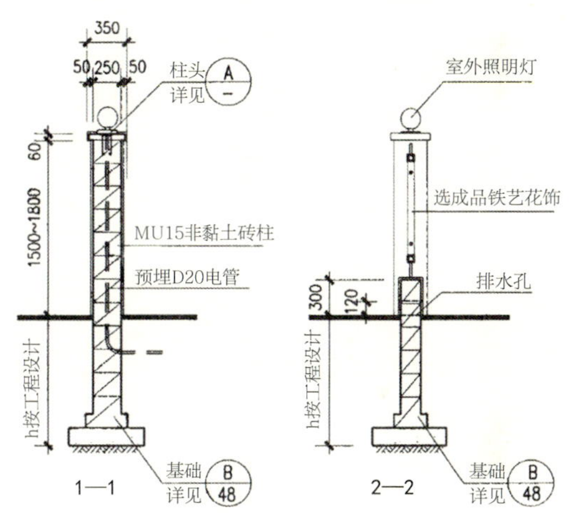

注：1.墙面抹20厚1:2.5水泥砂浆，外墙涂料，饰面颜色由设计人定。
2.露明铁件刷防锈漆两道，醇酸调和漆两道，颜色由设计人定。

图6.17　独立墙的基本构成

B. 墙体。是墙的主体部分，也是空间垂直面的组成部分。墙体的结构和表面形式的选择要依据美学特征、空间特性、功能作用及工程造价等来决定。

C. 墙头。墙头指墙的顶部，从功能上来讲，可以遮盖墙身，防止雨水渗入墙体；从观赏角度来讲，墙头可以补充完善墙体的立面形象，控制视线，形成引人注目的水平线，有时为了突出形象，墙头会做得比墙面宽厚。

（2）挡土墙

当土壤的倾斜度超过其自然稳定角时便难以稳固，这时需要建造挡土墙。挡土墙是为防止土坡坍塌、承受侧向压力的构筑物，是以功能性为主的构筑物。同时也具备独立墙体的一些功能，如制约空间和空间边界、充当背景等作用。

① 挡土墙设计步骤

在对地基状况和土壤剖面进行分析之后，挡土墙的设计程序如下：

A. 估计用来抵抗墙体背面材料所需的力。

B. 确定挡土墙和基础的剖面形式，目的是使结构稳固，不至于倾覆和滑动。

C. 根据结构的稳定性分析墙体自身。

D. 检测基础之下所能够承受的最大压力。

E. 设计结构构件。

F. 确定回填处的排水方式。

G. 考虑移动和沉降。

H. 确定墙体的饰面形式（当墙体的高度大于1 000 mm时，应向结构专家进行咨询）。

② 挡土墙的类型

依据挡土墙结构问题不同的解决方式，可以有主要的三种基本分类，即重力墙、悬臂墙和垄格挡土墙。每一种都有几种变化可以考虑，这取决于所选择的标准（图6.18）。

A. 重力墙。主要依靠它们的体量（即质量和体积）来保证稳定性。如果不考虑它们的尺寸大小，基础的厚高比是主要的内容。一道承受水平荷载的墙，厚高比一般为0.4~0.45。重力墙常用的材料是混凝土、砖石和用石块或砖块作饰面的混凝土。高度在1.5 m以下的重力墙常前后都砌成垂直的，或有一点轻微的倾斜。在这种情况下，基础的最小宽度为0.4 m。不用灰浆砌筑的石砌重力墙称为干砌石墙。当需要阻挡的高度较低（小于3 m）时，通常使用这种墙体。石材取材方便，非常适于建造乡土建筑。

B. 悬臂式挡土墙。指的是由立壁、趾板、踵板3个钢筋混凝土悬臂构件组成的挡土墙。通常做成倒T形或L形。高度不超过7～9 m时，较为经济。根据设计要求，悬臂的脚可以向墙内侧伸出，或伸出墙外，或两面都伸出。如果墙的底脚折入墙内侧，它便处于它所支承的土壤的下面，优点是利用上面土壤的压力，使墙体的自重增加。底脚折向墙外时，其主要优点是施工方便，构造简单，能适应较松软的地基，但经常为了稳定而要有某种形式的底脚。

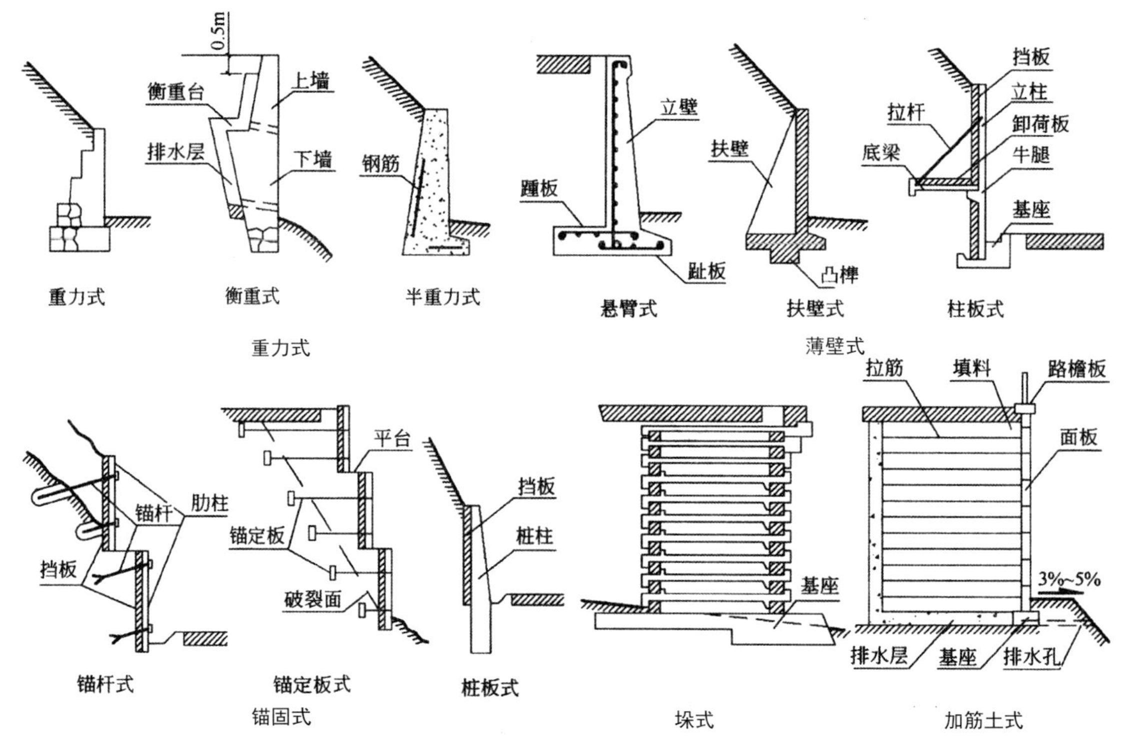

图6.18　挡土墙的基本类型

C. 垄格挡土墙。混凝土垄格挡土墙是用预制的钢筋混凝土砌块砌筑的。砌筑墙体时要使顺砖和丁砖联锁排列，以形成竖向的仓穴，这些仓穴还应用碎石或其他的颗粒材料填满。对挡土墙而言，需要填充的位置不必挖土，这是最实用的方法。丁砖上的甩筋通常用于把丁砖和顺砖紧密地连在一起。砌块铺设完毕后尽快进行回填，并且垄格的高度不能超出回填部分1 m以上。如果挡土墙的外表面设计成木质的，那么它就可以用木材来建造，所有的木材单元都应经过防腐受压处理。在早期的木垄挡土墙中，新的或已使用过的铁路枕木应用最为普遍，后来这种材料多被用于建造低矮的墙体。然而，目前应用最广泛的材料是切割成合适尺寸的木材，这种木材应该用含铜的盐或其他不渗色的材料进行过防腐受压处理。

（3）墙的构筑与材料

独立墙和挡土墙均可由多种材料建造，主要有石块、砖、水泥及木材等。

① 石砌

石材通常用于建造坚固厚重的墙体，毛石（天然石块）适合于自然环境和乡村环境中，加工时常用于正式的和规整的空间中。石材砌筑独立墙和挡土墙有两种方法：浆砌法和干砌法。浆砌法是将石块用黏合材料结合在一起，墙体较坚固、结实、持久，但造价高，拆除困难；干砌法是不用任何黏结材料而是将石块自身巧妙镶嵌成稳定的群体，由于重力作用相互咬合，垒砌时参差错落，增加稳固性。

干砌法由于石缝中没有黏合剂，可以形成强烈的墙面明暗图案而引人注目。干砌法对工艺和技术要求较高，干砌法墙的高度不宜过高，适于不宜受直接磨损的地方（图6.19）。

② 混凝土

墙的建造在使用混凝土材料时，可现场浇筑，也可使用预制材料。

现场浇筑具有灵活性和可塑性，可随模具浇铸成各种形体，如直线形、曲线形、折线形等，表面也可作多种处理，如一次抹面、灰浆抹子抹光、打毛刺、细剁斧面、压痕处理、压痕打毛刺处理、上漆处理、喷漆贴砖处理、刷毛削刮处理等，以及利用调整接缝间隔、改变接缝形式和削角形式，可使混凝土围墙展现出不同的风格。

第二种混凝土墙的建造方式是使用预制混凝土砌块，混凝土砌块多是经过处理加工的，造价低但需要扶壁。虽然可塑性和灵活性较现浇有欠缺，但预制构件也可以有不同大小、形状、色彩和结构标准，可以预先设计图案和造型（图6.20）。

混凝土墙体也可作为其他墙体的基础墙体，如刷毛削刮景墙、贴面景墙的基础墙体。

③ 砖

砖作为墙的建造材料，砖墙与石块比起来能形成较光滑的墙体表面。砖砌筑墙体的形式取决于砖的不同排列方式，单层来说，砖可以顺放、横放和直立，竖向的砌筑形式常为交叠式，即砖平放，上下交错，其他还有英式砌法、法式砌法、荷兰式砌法等，用整砖和半块砖交错砌成，此外，还有使墙面砖块凹进和凸出的重复堆砌（图6.21）。当墙体设计高度较高时，通常是把混凝土墙当作基础墙。

④ 花砖

花砖墙是一种以混凝土墙作基础，铺以花砖的墙。由于花砖本身的品种、颜色、规格以及砌法多样化，因此，所筑成的花砖墙也是形式复杂（图6.22）。

⑤ 石面

以混凝土墙作基础，表面铺以石料的景墙（图6.23）。表面多饰以花岗石，也有以铁平石、称父青石作不规则砌筑。此外，还有以石料窄面砌筑的竖砌墙，以不同色彩、表面处理的石料，构筑出形式、风格各异的墙。

⑥ 木材

木材也可作为墙的建造材料。木材有不同的观赏特性，与其他材料相比较薄而轻木材易于成型，可满足所需要的各种尺寸和形状，但是其缺点是没有其他材料经久耐用，还需要定期维护以防止受风化和潮湿的腐蚀。粗壮的木材经过加压和防腐处理可用作挡土墙，使立面朴实而不耀眼突出。

图6.19　石砌

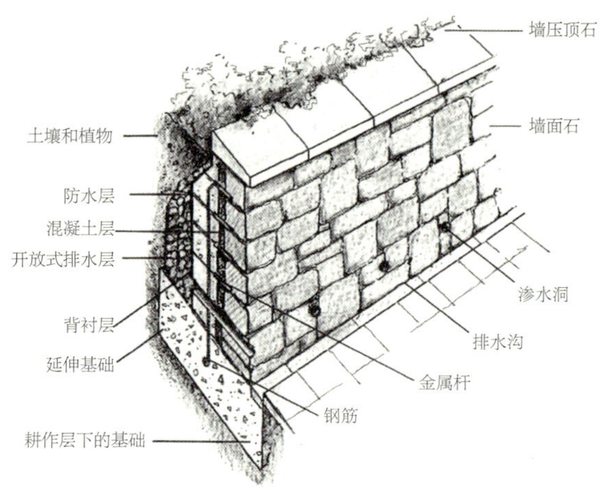

图6.20　混凝土

图6.21　砖

图6.22　花砖

图6.23　石面

6.2.2 台阶和坡道

台阶和坡道是解决场地中有高差的区域间联系的要素，行人需要以安全有效的方式从某一高度到达另一高度，台阶和坡道真正可以帮助人们完成这种高度变化的运动，人们可以按照其结构方式以一定的倾斜度上、下移动。台阶和坡道都具有坚硬、稳定的表层。

（1）台阶

台阶由一系列水平面构成，人的行进中能保持平衡感。台阶的另一个优点是完成一垂直高度的变化时只需要相对短的水平距离，这也是台阶的使用范围更广泛的原因之一；台阶的最大缺点则是有轮的交通工具不能通行。

① 台阶的功能

A. 解决场地中有高差的区域间的联系。

B. 以暗示的方式分割外部空间界限，高差的变化使区域间产生分割感，形成对不同领域空间的界定，而通过台阶完成空间转换。

C. 具有美学功能，台阶在外部空间中形成一系列有韵律的具有水平特性的醒目的地平线，创造出线的图案，产生视觉魅力。

D. 台阶还可以作为非正式的休息处，在多用途的公共空间中充当座椅和看台。

② 台阶的基本构成

台阶一般由踏面、升面、休息平台构成，当达到一定高度时，还需设置护栏。

A. 踏面。指踏脚的水平面，以层级分布，可以称为“阶层”。

B. 升面。指台阶的上升或垂直部分，以一个升面为一级，一般来说，一组台阶中，踢面会比踏面多一个。

C. 休息平台。指两组台阶之间比较大的平面间隔，是一个缓冲区域，提供短暂休息，视觉上也有调和作用。

在台阶的基本构成中（图6.24），踏面和升面之间的尺度和比例关系是决定台阶的舒适度和安全感的决定因素。踏面和升面之间的比例关系：升面高度×2+踏面宽度=66 cm。在室外空间中，踢

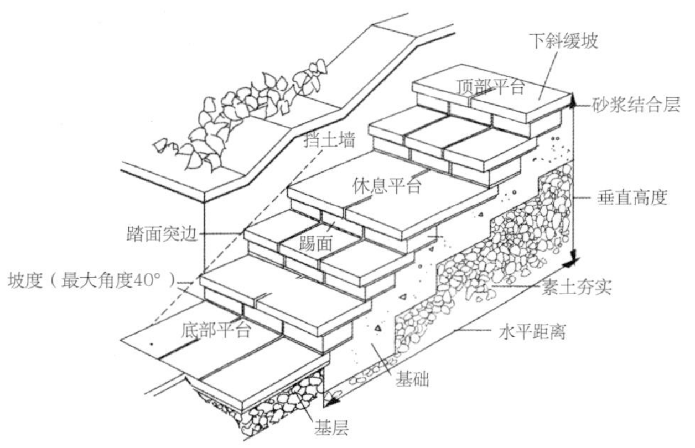

图6.24　台阶的基本构成

面最小高度为10 cm，最大高度为16.5 cm，因为小于10 cm的高度在开阔的环境中不易察觉，而大于16.5 cm的高度则行走较吃力，踏面的宽度通常会大于28 cm。另外，由于与室内空间不一样的尺度感，室外台阶的尺度通常会有加大踏面宽度和降低升面高度以取得心理上的安全感。通常以通行为主要功能的台阶常用的尺度是踏面宽36 cm和升面高12 cm。

室外台阶的休息平台最好每隔10～12个踏面设置一处，一是提供停留和休息，二是打破心理上的单调感。台阶和平台的交替布置也带来视觉上的节奏和韵律感。

③ 台阶的设计要点

A. 一组台阶的升面的垂直高度应保持一个常数，即不要随意变换一组台阶中踏步的高度。如果每层的高度都在变化，人在行走时就必须不停地调整步伐、分散注意力而增加不安全因素。

B. 避免出现只有一步台阶的处理，一组台阶至少应有2～3级，因为一个升面的高度变化非常不易察觉，行走地面的高度变化最好能显而易见，使行人能及时调整步伐和落脚点。

C. 为了增强台阶的识别性，特别是当台阶的铺装与周围环境的铺装相同时，在踏面的边缘需要做铺装的变化或设防滑条来提示，有时还需要在台阶升面的底部留一缩口，形成阴影来强调台阶的形状提示行人，但缩口不宜太高或太深，以免行人被

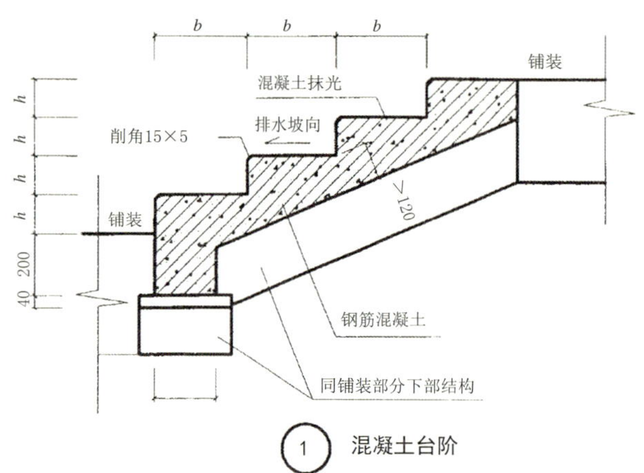

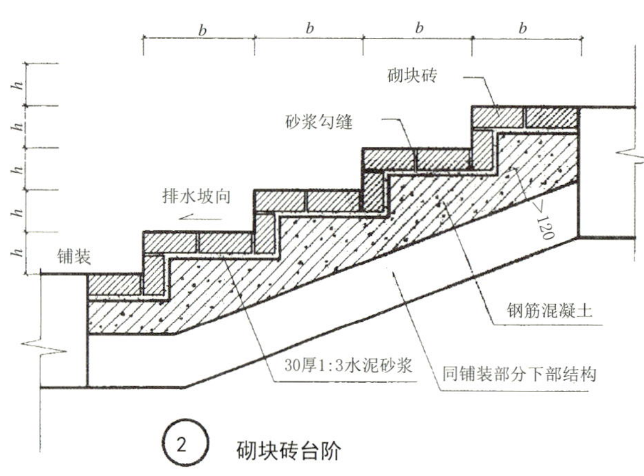

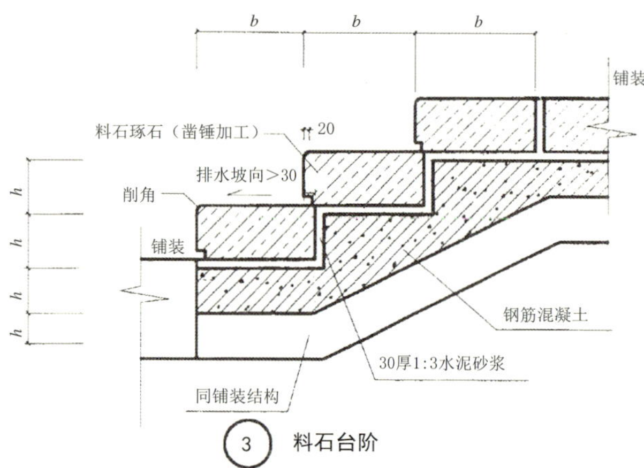

图6.25　常见的台阶构造示意

图6.26　坡道

绊倒或卡住。

D. 踏面应保持1%坡度的高差，避免积水。

E. 台阶的宽度和大小取决于使用范围和预期的使用量，使用量大则台阶较宽，通常双向行人的台阶，宽度不小于1.5 m。另外，台阶与道路相连接时其宽度不应小于所连道路的宽度。

F. 台阶的垂直高度超过60 cm，应考虑防护设施，设置垂带墙或护栏，特别是以老人的使用为主时，应设计扶手。

④ 台阶的类型与构造

台阶按照形态可分为规则式和不规则式，与基地条件和空间特性要求有关。在材料的使用上要求有较好的耐久性、耐磨性和抗冻性，如天然石材、混凝土、缸砖等，依据材料的分类有块石台阶、石板台阶、混凝土台阶、砖台阶、木台阶等，还可以是几种材料的混合使用。

图6.25所示为一些常见的台阶构造示意。

（2）坡道

坡道是行人行进中进行高度转化的第二种方式（图6.26）。坡道材料与构造见图6.27。

坡道与台阶相比，最显著的优点是“无障碍”，一方面坡道的坡面允许行人和车轮自由穿行，另一方面，坡道不会割裂相邻空间，可将一系列空间连接成一个整体而不间断。坡道的不足之处

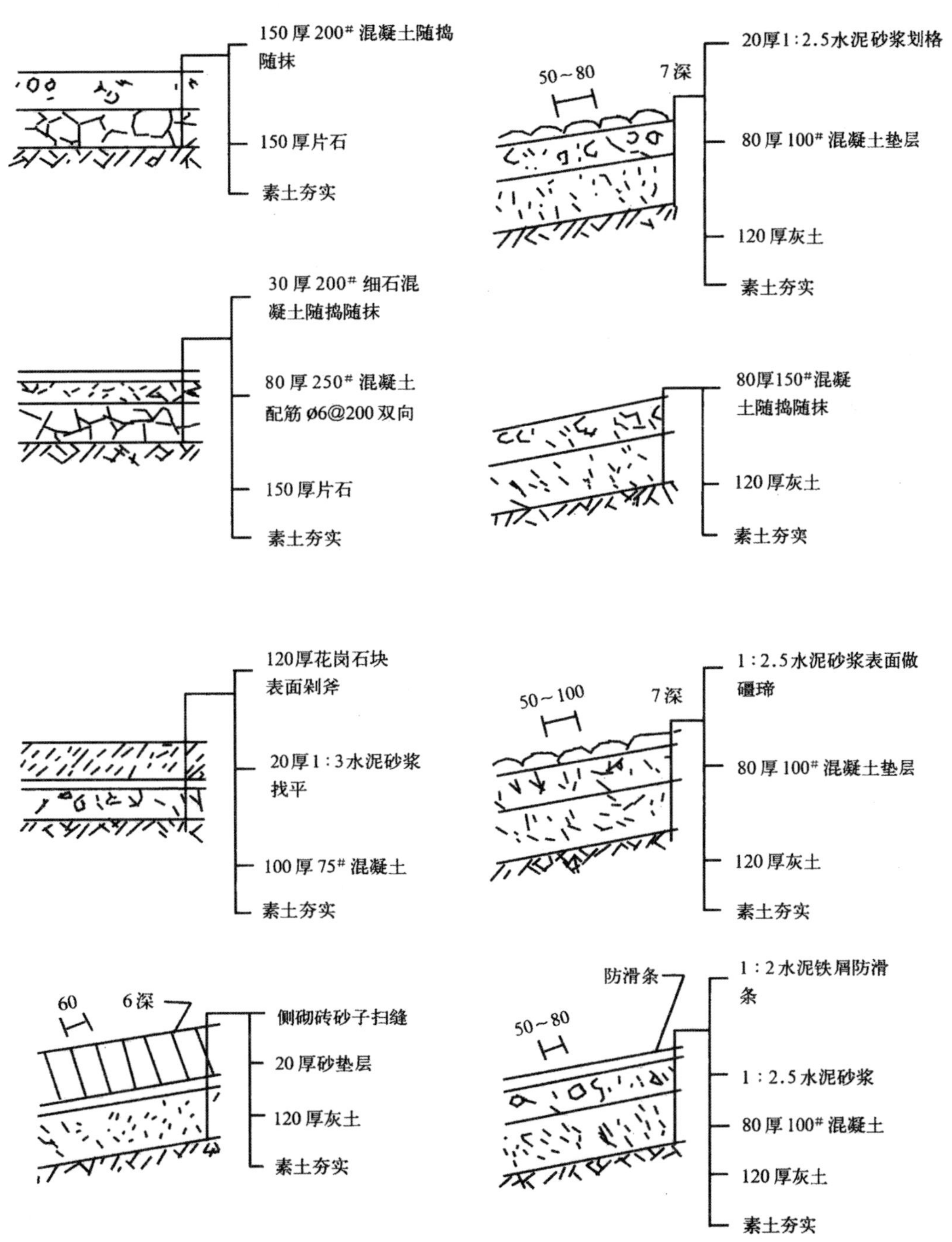

图6.27　坡道材料与构造（单位mm）

图6.28　坡道与台阶结合的设计

在于：第一，同台阶相比需要有比较长的水平距离来保持坡度以取得稳定、适宜的斜面；第二，支撑面始终为斜面，行走吃力；第三，较长的斜面在视觉上给人以不悦目、不协调的感觉。

坡道的设计要点如下：

①坡道的倾斜度最大不要超过8.33%或1:12。

② 坡道上长度每隔9 m应设平台，平台最小长度1.5 m。

③坡道两侧要设15 cm高的道牙，与台阶相同，一定高度时应设护栏。

④坡道的宽度与台阶宽度确定的方式相同。

⑤坡道与台阶一样，也应采用坚实耐磨和抗冻性能好的材料。

⑥当坡度较大时，坡道表面应做防滑处理，一般将坡道表面做成锯齿形或设防滑条防滑，也可在坡道的面层上做划格处理。

在处理高差的实际运用中，有时也会使用将坡道和台阶结合起来的设计方法（图6.28）。

6.2.3　景桥

景观中的桥通常称为景桥，通常与水景结合，既解决通行，又自成一景（图6.29）。

（1）景桥的功能

① 联系道路，参与交通和游赏路线组织。

② 点缀水景，形成水面建筑景观，有较高的观赏价值。

③ 分隔水面，增加水景层次，深化造景功能。

（2）景桥的设计要点

① 满足功能的要求

全面细致地考虑功能性的需要，包括交通的需要、人流量的大小、桥上是否通车、桥下是否行船等，这些因素决定桥的承载力和净空高度。

② 选址合理

经济合理的建桥基址通常会选择水体的窄处。

③ 体量适宜，形式恰当

景桥的布局、尺度和造型与水体的形态、大小、水量等有关。如宽广的水面或水流湍急处，桥体易高大稳重；而水体较小或水势平稳处，则适合低矮轻巧的桥体，在静水面建桥则还需要将倒影的效果一起考虑。

④ 与其他要素的协调统一

景桥自身各部分，包括桥身、护栏、铺装等要相互协调，桥头与水岸的衔接要自然，忌生硬呆板，在空间特性上要与周边的其他环境要素保持一致。

（3）景桥的主要类型

① 平桥

平桥指贴近水面的桥，桥面一般不起拱或仅微弯起拱，造型简洁。有时候平面上会有线形的曲折变化形成“平曲桥”，达成步移景异的效果。

平桥因受力角度的不同可分为板桥和梁桥。

A. 板桥。板桥桥身为板承重，多用天然石材或混凝土板（图6.30），宽度为0.7～1.5 m，长度1～3 m，石板厚度多为200～220 mm。人流量大时，可并列加拼石板以拓宽。通常为安全加设护栏，护栏高度450～650 mm，不宜过高。

B. 梁桥（图6.31）。梁桥一般用在跨度较大之处，以梁承重，桥的上部结构包括横隔梁、小梁和铺面板三部分。材料可用石板、混凝土板、木板、圆木、竹排等。

② 拱桥

拱桥是指以拱券受压结构所形成的桥（图6.32），结构上各截面多为压力，因此可采用受压强度高的材料，如砖、石等，价格低廉。拱桥造型优美，有较高的观赏价值。为适应地基要求，可设计成三铰、两铰或无铰拱的结构模式。

③ 亭桥和廊桥

由于桥的特点和在景观中的构景作用，可将亭、廊、楼、阁等景观建筑建于其上，使桥具有复合功能和更鲜明的特色（图6.33）。桥上建筑多设于桥墩、立柱处，受力合理，节约工程造价。

④ 吊桥

吊桥又称悬索桥，由受拉的悬索作为承重结构（图6.34）。吊桥由悬索（主索、边索和锚索）、桥塔、吊杆加劲梁和桥面系锚钿组成；主缆索由塔柱支撑、索端锚固，在桥面的荷载作用下呈抛物线形，赏心悦目。吊桥跨越能力大，适合宽阔的水面和V形 沟谷。

⑤ 浮桥

浮桥是利用木排、铁桶或船只等可漂浮物体排列于水面作为浮动的桥墩使用（图6.35）。为防止水流的冲移，可在水下系索以固定浮动桥墩的位置。

6.3 造景小品

6.3.1 雕塑

雕塑是景观中以三维空间的形式、具有形象的实体性和形体的特质性的城市空间艺术品。雕塑通常作为环境中的视觉焦点，既提升了空间品质，又作为文化载体丰富了人们的精神生活。

（1）雕塑的设计原则

① 雕塑在形式、材料和尺度上要保持与整体景观环境的协调一致，选择合适的题材及表现形式。

图6.29 景桥

图6.30 板桥

图6.31　梁桥

图6.32　拱桥

图6.33　亭桥和廊桥

图6.34　吊桥

图6.35　浮桥

② 要从平面和剖面上全面分析雕塑在景观中形成的各种观赏效果，应保证远、中、近三个层次均有良好的观赏距离，远距离时观察大轮廓和气势，近距离则体味细部和质地等。

③ 雕塑在景观中的布局同时要考虑理想的位置和理想的观赏位置。

④ 雕塑的尺度应与所处的空间保持良好的比例和尺度关系，避免过于拥挤或过于空旷。观赏时由于透视的关系可能造成的变形应在设计中进行矫正。

⑤ 雕塑的基座不应是孤立的部分，应该纳入雕塑的总体设计，参与烘托主题和渲染气氛。

⑥ 雕塑的环境背景应该起到衬托作用，色彩和材质上不能喧宾夺主。

（2）雕塑的分类

① 按功能分类

A. 纪念性雕塑（图6.36）。纪念人物或重大事件，通常在景观中居中心和主导地位。

B. 主题性雕塑（图6.37）。指在特定环境中，为增加环境内涵，表达某些主题而设置的雕塑，具有鲜明的主题目的和环境特征。

C. 装饰性雕塑（图6.38）。在环境空间中起美化、装饰作用，强调在环境中的视觉美感而不以思想内涵为主。

D. 功能性雕塑（图6.39）。在具有装饰性美感的同时，又具有不可替代的实用功能，如儿童游戏场中供攀爬的雕塑。

② 按艺术形式分类

A. 具象雕塑（图6.40）。是以写实和再现客观对象为主的雕塑，艺术形象与自然对象基本相似或极为相似，艺术形象都具备可识别性。

B. 抽象雕塑（图6.41）。抽象雕塑是指非具象雕塑，也就是说除去写实的雕塑以外都是抽象雕塑。抽象雕塑对形体的要求不严格，不特指具体的雕塑形象，不必和什么实际的东西相像，但要求具有美观的特征和内在的含义。还有半抽象，指对某一具体事物的简化变形，也要表现出夸张的美感以及内在的含义，如抽象人体。

③ 按空间形式分类

A. 圆雕（图6.42）。圆雕又称立体雕，是指可以全方位、多角度欣赏的三维立体雕塑，具有强烈的体积感和空间感，可以从不同角度观赏。它要求雕刻者从前、后、左、右、上、中、下全方位进行雕刻，是最常见的雕塑形式。

B. 浮雕（图6.43）。浮雕是雕塑与绘画结合的产物，用压缩的办法来处理对象，一般是附属在特定的体面上，一般只能从正面或侧面观赏。其中，浮雕又以其起伏的高低分为高浮雕和浅浮雕。

C. 透雕（图6.44）。在浮雕的基础上，镂空其背景部分，形成有虚有实、虚实相间的雕塑，具有空间流通、光影变化丰富，形象清晰的特点。

④ 按材料分类

A. 天然石料雕塑（图6.45）。由天然石料如花岗岩、沙石、大理石等制作的雕塑，有较好的耐候性和耐久性，色彩自然。

B. 金属材料雕塑（图6.46）。是以金属焙炼浇筑或金属板锻造成型，材料包括青铜、铸铁、不锈钢、铝合金等。

C. 人造石材雕塑。指混凝土为主的人工材料制作，一般造型简单，可模仿石材效果，不宜做永久性雕塑。

D. 陶瓷材料雕塑。由黏土等高温焙烧制作，光泽好，抗污性强。但易碎，一般体量较小。

E. 高分子材料雕塑（图6.47）。制作材料主要为树脂塑性材料，成型方便、坚固、质轻，工艺简单，但成本较高。

⑤ 按基座类型分类

A. 碑式基座雕塑（图6.48）。基座高度超过雕塑高度至少1倍以上，碑身造型突出，多为纪念性雕塑。

B. 座式基座雕塑（图6.49）。基座与雕塑的高度基本接近，一般在1:1左右，比例匀称，能充分表现雕塑的形象。

C. 台式基座雕塑（图6.50）。基座与雕塑高度之比在0.5:1以下，基座一般呈扁平形，平易近人，有亲切感。

图6.36　纪念性雕塑

图6.37　主题性雕塑

图6.38　装饰性雕塑

图6.39　功能性雕塑

图6.40　具象雕塑

图6.41　抽象雕塑

图6.42　圆雕

图6.43　浮雕

图6.44　透雕

图6.45　天然石料雕塑

图6.46　金属材料雕塑

图6.47　高分子材料雕塑

图6.48　碑式基座雕塑

D. 平式基座雕塑（图6.51）。基座被埋在地下，地面上不显露出来，地面上的雕塑与环境融为一体，相辅相成。在景观小品中较为常用。

6.3.2 山石造景

山石造景是具有中国园林特色的人造景观，在我国历史悠久，并形成了风格独特的园林体系。人们通常将山石造景称为假山，实际上包括假山和置石两个部分。假山是以造景游览为主要目的，充分地结合其他多方面的功能作用，以土、石等为材料，以自然山水为蓝本并加以艺术的提炼和夸张，用人工再造的山水景物的通称；置石是以山石为材料作独立性或附属性的造景布置，主要表现山石的个体美或局部的组合而不具备完整的山形。一般来说，假山的体量大而集中，可观可游，使人有置身于自然山林之感；置石则主要以观赏为主，结合一些功能方面的作用，体量较小而分散（图6.52）。

（1）山石造景的功能

① 作为自然山水园的主景和地形骨架

总体布局可以以山为主景，或以山石为驳岸的水池作主景，地形骨架起伏、曲折皆以此为基础来变化，例如，在江南园林中常用孤置山石作为庭院

图6.49　座式基座雕塑

图6.50　台式基座雕塑

图6.51　平式基座雕塑

图6.52　山石造景中的置石

空间环境的主景，如苏州留园的冠云峰。

② 作为划分空间和组织空间的手段

可以利用山石划分空间，具有自然和灵活的特点，特别是山水结合、相映成趣地组织空间，空间更富于变化。山石在组织空间时可以障景、对景、背景、框景、夹景等手法灵活运用。

③ 作为点缀环境空间和衬托建筑、植物等的手段

以山石作花台，或以石峰凌空，或借粉墙前散置，或以竹、石结合作为廊间转折的小空间和窗外的对景，山石与植物相映成趣，具有“因简易从，尤特致意”的特点。

④ 作为室外自然式的家具或器设

在室外用自然山石作石桌、石几、石凳、石栏等，既不怕日晒夜露，又可结合造景，山石还用作室内外楼梯（称为云梯）、园桥、汀石等。

（2）山石造景的营建材料

山石造景的材料有两大类，一类是天然的石材，另一类是人工材料，以水泥混合砂浆、钢丝网或玻璃纤维水泥（GRC）作材料。人工塑料翻模成型，又称“塑石”。我国幅员广阔，地质变化多样，这为各地掇山提供了优越的物质条件，自然界中除了平原、沙漠，到处都可以找到可做造景之用的石料，也形成了不同的地域特色。常用的天然石材种类大致如下（图6.53）：

① 湖石

湖石主产于江、浙一带，属石灰岩。石多处于水涯，或山坡表层，自然造化而成。色以青黑、白、灰为主，质地细腻，较易被水和二氧化碳溶蚀，湖石线条浑圆流畅，洞穴透空玲巧，很适宜大型园林叠山及造山水景。与太湖石相近的石材有房山石、灵璧石、宣城白石、英石（英石又可分为白英、灰英和黑英三种）。

② 黄石

黄石是一种橙黄颜色的细沙岩，产地很多。其石形体顽夯，棱角分明，肌理近乎垂直，雄浑沉实。与湖石相比，它平正大方，立体感强，块钝而棱锐，具有很强的光影效果。明代所建上海豫园大假山，苏耦园的假山和扬州个园的秋山均为黄石掇成的佳品。

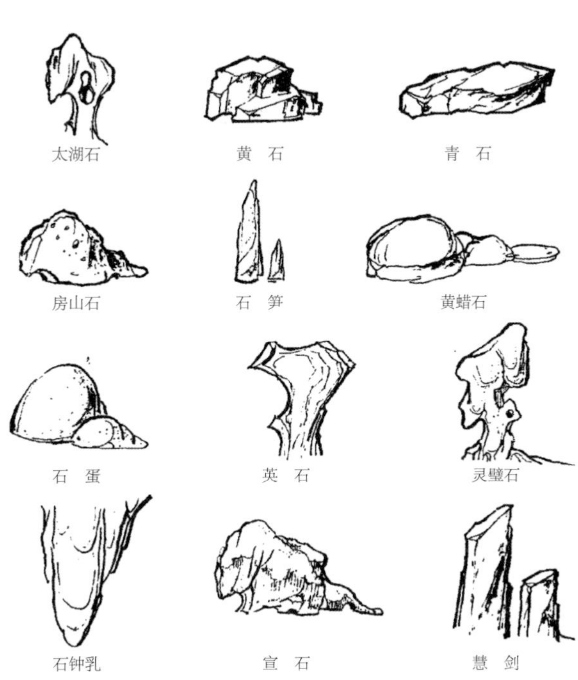

图6.53　常用的天然石

③ 青石

青石是一种青灰色的细沙岩。青石的节理面不规整，纹理相互不一定垂直，有交叉互织的斜纹。就形体而言多呈片状，故又有“青云片”之称。

④ 石笋

石笋是外形修长如竹笋的一类山石的总称，属变质岩类。这类山石产地广，产于土中或山洞内，采出后直立地上。景观中常作独立小景布置。常见石笋有白果笋、乌炭、慧剑、钟乳石笋四种。

⑤ 其他石品

其他石品有诸如木化石、松皮石、石珊瑚、黄蜡石和石蛋等。

（3）山石造景的要点

① 山石的选料和作法要符合总体设计要求的空间品质和视觉特性，不能自成一体。

② 在同一地点，所用山石不宜过多过杂，否则堆叠时不易做到质、色、纹、面、体、姿的协调一致。

③ 山石的造型要注重整体效果，既符合自然规律，又要高度概括提升，达到意境的升华。

④ 山石造景的基础要可靠，结构稳固，防止因沉降产生裂隙、变形失真甚至产生危险。

（4）山石造景的类型

① 假山

假山根据所用材料、规模大小可分为以下三类：

A. 土包山。以土为主，以石为辅的堆山手法。常将挖池的土掇山，并以石材作点缀，达到土、石、植物浑然一体，富有生机。

B. 石包山。以石为主，外石内土的小型假山，常构成小型园林中的主景。常造成峭壁、洞穴、沟壑。

C. 掇山小品。根据位置、功能不同，可分为以下三种：

a. 厅山。厅前堆山，以小巧玲珑的石块堆山，单面观，其背粉墙相衬，花木掩映。

b. 壁山。以墙堆山，在墙壁内嵌以山石，并以藤蔓垂挂，形似峭壁山。

c. 池石。池中堆山。

② 置石

A. 特置。特置山石大多由单块山石布置成为独立性的石景，常用作障景和对景，或置视线集中的地方。特置山石也可以与壁山、花台、岛屿、驳岸等结合使用。现代景观多结合花台、水池或草坪、花架来布置。特置应选择体量大、轮廓线突出、姿态多变，色彩突出的山石，可采用整形的基座，也可以坐落在自然的山石上面，这种自然的基座称为“磐”。特置山石在工程结构方面要求稳定和耐久。

B. 对置。沿中轴线作对称位置的山石布置，以陪衬环境，丰富景色。例如，北京可园中对置的房山石；颐和园仁寿殿前的山石布置。

C. 散置。散置即所谓“攒三聚五”“散漫理之”的做法，可以独立成景，或与山水、建筑、树木联成一体，往往设于人们必经之地或处在人们的主视野之中。其布局要求造景目的性明确，格局谨严，手法洗练，“寓浓于淡”，有聚有散，有断有续，主次分明（图6.54）。

图6.54　置石

| 知识重点 |

1. 掌握建筑小品的类型和造型特点。
2. 掌握设施小品的类型和造型特点。

| 作业安排 |

1. 通过设计案例掌握建筑小品设计。
2. 通过设计案例掌握设施小品设计。

7 景观照明与供电工程

景观照明工程是指采用人工照明系统满足室外空间特定环境中的照明要求，提升夜晚景观质量，既有照明功能，又兼有艺术装饰和美化环境功能的户外照明工程。照明的要求主要有被照表面的光照度、亮度、显色性及光环境的视觉效果等。

供电工程是解决景观工程中的场地动力包括照明供电在内的一些主要问题。

7.1 景观照明

7.1.1 景观照明的分类

（1）按照明方式分类

① 一般照明

一般照明是指不考虑局部的特殊需要，为整个被照场所而设置的照明（图7.1）。这种照明方式投资少，照度均匀。

② 局部照明

局部照明是指对于景区（点）某一局部的照明（图7.2）。当局部地点需要高照度并对照度方向有要求时，宜采用局部照明，但在整个景（区）点不应只设局部照明而无一般照明。

③ 混合照明

混合照明是指由一般照明和局部照明共同组成的照明（图7.3）。在需要较高照度并对照射方向有特殊要求的场合，宜采用混合照明。此时，一般照明照度按不低于混合照明总照度的5%～10%选取，且最低不低于20 lx（勒克斯）。

（2）按灯具用途分类

① 道路灯

主照明为道路灯，道路灯是在道路上设置为在夜间给车辆和行人提供必要能见度的照明设施。道路灯安装地点常见于道路单侧或两侧，通常安装在柱上，沿道路分立（图7.4）。道路灯可以改善交通条件，减轻驾驶员疲劳，并有利于提高道路通行能力和保证交通安全。庭园灯、景观灯与路灯形成立体的照明模式，增强道路装饰效果，美化城市夜景，也可弥补道路灯照度的不足。

② 庭院灯

庭院灯主要应用于城市道路、小区道路、工业园区、旅游景区、公园庭院、广场等的景观亮化及亮化装饰。庭院灯可显著改善居住环境提，高居民生活质量。白天庭院灯具有点缀城市风景；夜晚庭院灯具既能提供必要的照明及让生活便利，增加居民安全感，又能突显城市亮点，演绎亮丽风格。庭院灯高度2.5～5 m（图7.5）。

③ 草坪灯

草坪灯是服务于城市绿地景观，用于公园、居住区、广场等场所的绿化带的装饰性照明，也是重要的景观设施。它以其独特的设计、柔和的灯光为城市绿地景观增添了安全与美丽。使用36 W或70 W金卤灯、钠灯，间距在6～10 m为宜（图7.6）。

④ LED树灯

LED树灯是一种新型仿真景观灯，灯外观像一棵树，五颜六色，环保、寿命长、美观。

⑤ 墙头灯

墙头灯一般安置在小区、公园，或者柱头上，外观美丽，线条简单而优美，极具欣赏性。灯源一般是节能灯，材质通常为不锈钢、铝制品和铁制品（图7.7）。

图7.1　一般照明

图7.2　局部照明

图7.3　混合照明

图7.4　道路灯

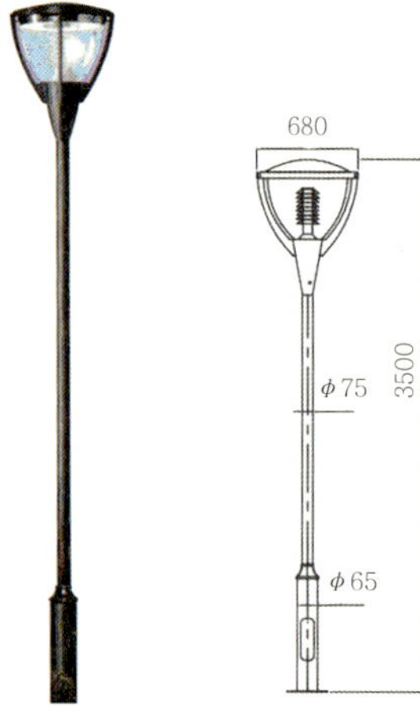

图7.5　庭院灯

图7.6　草坪灯

⑥ 地埋灯

地埋灯在外形上有方的也有圆的，广泛用于商场、停车场、绿化带、公园旅游景点、住宅小区、城市雕塑、 步行街道、大楼台阶等场所。它主要是埋于地面，用来作装饰或指示照明之用，有的还用来洗墙或是照树，其应用有相当大的灵活性（图7.8）。

⑦ 投光灯

投光灯是使指定被照面上的照度高于周围环境的灯具，又称聚光灯。通常它能够瞄准任何方向，并具备不受气候条件影响的结构。它主要用于大面积作业场矿、建筑物轮廓、体育场、立交桥、纪念碑、公园和花坛等。因此，几乎所有室外使用的大面积照明灯具都可看作投光灯。投光灯的出射光束角度有宽有窄，变化范围为0°～180°（图7.9）。

⑧ 水下灯

水下灯是主要用于水下的灯体，防水性好，只能采用低压电流，通常结合喷泉等水景使用（图7.10）。

（3）按光源类型分类

① 白炽灯

白炽灯是将灯丝通电加热到白炽状态，利用热辐射发出可见光的电光源。光效相对较低，但光色和集光性能好，是产量最大、应用最广泛的电光源。它体型小，便于使用，能使红、黄色美丽醒目，适于作庭园照明，但寿命短，维修多。

图7.7　壁灯

图7.8　地埋灯

图7.9　投光灯

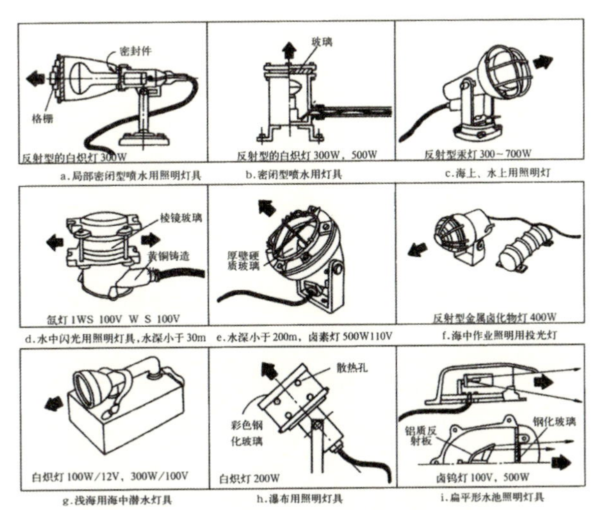

图7.10　水下灯

② 汞灯

汞灯是利用汞放电时产生汞蒸气获得可见光的电光源。汞灯可分为低压汞灯、高压汞灯和超高压汞灯三种。汞灯能使树木草坪的绿色醒目，寿命长，维修容易，有40 W到2 000 W可以选择。

③ 荧光灯

荧光灯分传统型荧光灯和无极荧光灯，传统型荧光灯即低压汞灯，属于低气压弧光放电光源。无极荧光灯即无极灯，它取消了对传统荧光灯的灯丝和电极，利用电磁耦合的原理，使汞原子从原始状态激发成激发态，其发光原理和传统荧光灯相似，有寿命长、光效高、显色性好等优点。荧光灯由于效率高、寿命长，适于作庭园照明的光源，但不适于范围广的照明，在温度低的地方效率会降低。

④ 金属卤化物灯

金属卤化物灯是交流电源工作的，在汞和稀有金属的卤化物混合蒸气中产生电弧放电发光的放电灯，金属卤化物灯是在高压汞灯基础上添加各种金属卤化物制成的第三代光源。金卤灯具有发光效率高、显色性能好、寿命长等特点，是一种接近日光色的节能新光源。但它没有低瓦数的灯，使用范围有限。

⑤ 高压钠灯

高压钠灯使用时发出金白色光，具有发光效率高、耗电少、寿命长、透雾能力强和不诱虫等优点。它广泛应用于道路、高速公路、机场、码头、船坞、车站、广场、街道交汇处、工矿企业、公园、庭院照明等。高压钠灯不能突出绿色。

7.1.2 景观照明设计

（1）景观照明设计的原则

① 要区分不同使用功能，有针对性地选取照明的方式和照明器材。

② 考虑恰当的灯具布置位置和布置方式，灯具的布置既能满足夜晚的照明需求，又不会在白天的情况下成为视觉上的消极因素。

③ 光环境的营造要保持和其他要素的整体协调关系，避免空间特性的割裂。

④ 选取光源的特点要与所需的环境氛围和被烘托对象一致。

（2）照明设计中的技术参数

① 光通量与照度

光通量是指单位时间内光源发出可见光的总能量，单位为流明（Lm）。例如，当发出波长为555 nm黄绿色光的单色光源，其辐射功率为1 W时，则它所发出的光通量为683 Lm。100 W的普通白炽灯发光能力为1 400 Lm，70 W的低压钠灯发光能力为6 000 Lm。

照度即光照强度，是指单位面积上所接受可见光的能量，即单位面积上的光通量，单位为勒克斯（Lx或Lux）。在1 m^2面积上所得的光通量是1 Lm时，它的照度是1 Lx。

② 亮度

亮度是指发光体（反光体）表面发光（反光）强弱的物理量。人眼从一个方向观察光源，在这个方向上的光强与人眼所“见到”的光源面积之比，定义为该光源单位的亮度，即单位投影面积上的发光强度。亮度的单位是坎德拉/平方米（cd/m^2）。亮度是人对光的强度的感受。它是一个主观的量。

③ 色温

色温是电光源技术参数之一。光源的发光颜色与温度有关。当光源的发光颜色与黑体（指能吸收全部光能的物体）加热到某一温度所发出的颜色相同时的温度，称为该光源的颜色温度，简称色温。用绝对温标K来表示。例如，白炽灯的色温为2 400～2 900 K；管型氙灯为5 500～6 000 K。

④ 显色性与显色指数

当某种光源的光照射到物体上时，所显现的色彩不完全一样，有一定的失真度。这种同一颜色的物体在具有不同光谱的光源照射下，显出不同的颜色的特性，就是光源的显色性，通常用显色指数（Ra）来表示光源的显色性。显色指数越高，颜色失真越少，光源的显色性就越好。国际上规定参照光源的显色指数为100。常见光源的显色指数见表7.1。

表7.1　常见光源的显色指数

光　源	显色指数/Ra	光源	显色指数/Ra
白色荧光灯	65	荧光水银灯	44
日光色荧光灯	77	金属卤化物灯	65
暖色荧光灯	59	高显色金属卤化物灯	92
高显色荧光灯	92	高压钠灯	29
水银灯	23	氙灯	94

（3）景观照明设计的要求

景观照明中的视觉效果不仅是单纯地依靠充足的光通量，更多的是需要考虑环境中的照明品质问题。照明品质涉及光的艺术表现、人们的心理与情绪、光照水平的控制、空间中光线的构图等。影响照明品质的主要因素有照度水平、眩光、视觉适应、气氛与空间观感、光色与显色性等。

① 合理的照度水平

照度是决定物体明亮程度的间接指标。在一定范围内，照度增加，视觉能力也相应提高。表7.2给出了各类建筑物、道路、庭园等设施一般照明的推荐照度。

表7.2　各类设施一般照明的推荐照度

照明地点	推荐照度/Lx	照明地点	推荐照度/Lx
国际比赛足球场	1 000～1 500	更衣室、浴室	15～30
综合性体育正式比赛大厅	750～1 500	库房	10～20
足球场、游泳池、冰球场、羽毛球场、乒乓球场、台球场	200～500	厕所、盥洗间、库房室、热水间、楼梯间、走道	5～20
篮球场、排球场、网球场、计算机房	150～300	广场	5～15
绘图室、打字室、字画商店、百货商场、设计室	100～200	大型停车场	3～10
办公室、图书馆、阅览室、报告厅、会议室、展览馆、展览厅	75～150	庭院道路	2～5
一般性商业建筑（钟表、银行）旅游饭店、酒吧、咖啡厅、舞厅、餐厅	50～100	住宅小区道路	0.2～1

② 照明均匀度

置身景观环境中，如果有彼此亮度不相同的表面，当视觉从一个面转到另一个面时，眼睛被迫经过一个适应过程。当适应过程经常反复时，就会导致视觉的疲劳。在考虑景观照明中，除力图满足景色的需要外，周围环境中的亮度分布也应力求均匀。

③ 眩光限制

眩光是影响照明质量的主要特征。所谓眩光，是指由于亮度分布不适当或亮度的变化幅度太大，或由于在时间上相继出现的亮度相差过大造成的观看物体时感觉不适或视力减低的视觉条件。为防止眩光产生，常采用的方法是：注意照明灯具的最低悬挂高度；力求使照明光源来自优越方向；使用发光表面面积大、亮度低的灯具；加防眩光罩，等等。

照明设计应该注意避免眩光，而在某些特定的场合（如娱乐场所），则可能需要专门制造一些炫目的光线去营造气氛。

④ 视觉适应

在户外环境中，人们的视觉适应和认知主要以三种方式进行：明适应、中间适应和暗适应。明视觉的亮度水平通常是指高于3 cd / m^{2}的亮度环境，暗视觉通常是在非常低的亮度水平下（如月光下），适应的亮度水平低于0.01 cd / m^2。杆状细胞负责边缘视觉，一切看起来均是黑、白、灰。大多数的城市户外夜间光环境属于中间视觉，杆状细胞和锥状细胞同时起作用，适应的亮度水平一般为0.01～3 cd/m^2。户外照明设计应考虑中间视觉的普遍性，清晰度、深度视觉和边缘察觉都是非常主要的考虑方面。可考虑多使用短波（蓝色和绿色）集中的光源，研究表明，使用含蓝绿色波长的光源，其光照水平可以适当降低。选用户外照明光源时，应考虑应用的场合。在依靠中心视觉作业时，高压钠灯比金卤灯功效更高，这时的亮度适应水平在1.0 cd/m^{2}以上。金卤灯或较白光色的光源与高压钠灯相比，同样的亮度水平下被照射的物体看起来要稍微清晰一些。白色光源对颜色辨认效果较好，在亮度水平低于0.3 cd / m^2时，应考虑使用金卤灯或白色光源。

⑤ 气氛与空间观感

光与照明能够使环境空间产生兴奋、戏剧、神秘、浪漫等一系列气氛和表情，人们的心理和行为深深地受到气氛和空间观感的影响。频繁闪烁的灯光总是给人娱乐的气氛，强烈的亮度对比产生非常戏剧性的照明效果，但是并非是舒适的视觉环境。对于夜间人们经常活动的地方不要使用过大的亮度对比，以免发生危险。神秘的光环境（如戏剧性的照明效果），也是采用非均匀的照明方式，但是亮度对比较小。

⑥ 光色与显色性

颜色适应这种视知觉现象也会影响人们对光色的判断。最明显的例子是白炽灯在白天看起来是黄色的，但是晚上没有了自然光的对比，人们感觉这个同样的光源又是白色的。将不同光色的荧光灯管放在一起展示，人们很容易辨别光色的区别；但是分别观察，人们无法确切分辨出光色的差异。颜色对比效应也会影响人们对颜色的评价。黄颜色的花在蓝色的背景下比灰色背景下看起来更娇艳（同时对比）。显色性的使用不存在对与错，只有看起来是否自然和需要营造的光氛围。光源色温的选择与照度水平之间存在着一定关系。研究结果表明，暖色调的光（低色温）适合低照度水平，就像太阳落山时的情景；冷色调的光（高色温）如果要看起来自然的话，就必须提供高的照度水平。另外，在热带或亚热带地区，日照水平相对较高，对于人工照明，适合选择冷色调的光源，气候寒冷或温和的地区则适合选用暖色调的光源。

（4）景观照明设计的内容和程序

① 准备景观照明设计应具备的原始资料

A. 场地的平面布置图及地形图，必要时应有场地中主要建筑物的平面图、立面图和剖面图。

B. 该场地对电气的要求（设计任务书），特别是一些专用性强的公园、绿地照明，应明确提出照度、灯具选择、布置、安装等要求。

C. 电源的供电情况及进线方位。

② 明确照明对象的功能和照明要求

③ 照明设计

A. 选择照明方式。可根据设计任务书中场地对电气的要求，在不同的场合和地点，选择不同的照明方式。

B. 光源和灯具的选择。主要是根据景观对象对配光和光色要求、与周围景色配合等来选择光源和灯具。

C. 灯具的合理布置。除考虑光源光线的投射方向、照度均匀性等，还应考虑经济、安全和维修方便等。

D. 进行照度计算。具体照度计算可参考有关照明手册。

7.2 供电工程

供电工程是景观工程的一部分，是为满足场地电力需求进行的输电、配电与用电建设的设计。供电设计要在有关城市规划的控制、指导下进行，根据用地范围、定额指标、生产协作、供水供电以及环境保护的要求，结合场地的性质、特点、规模和用地条件进行具体设计。

7.2.1 电源的种类

电源一般有发电厂和变电所两种类型。部分地区或单位根据需要会有自备电源，一般为内燃发电机组，必要时启运。

（1）发电厂

目前，我国发电厂类型主要有火力发电厂、水力发电厂、天然气发电厂、潮汐发电厂、风力发电厂、太阳能发电厂和原子能发电厂等，其中前两种最为常见。

（2）变电所

变电所是通过变压器将高压变为低压或将低压变为高压，从而起到集中或分配电力、控制电力的流向并调整电压的作用。变电所可分为升压变电所和降压变电所。通常把进所电压为220 kV降压变电所，称为一次变电所；将66 kV的电压降为10 kV的，称为二次变电所；将10 kV或6 kV的电压降为380 V或220 V的，称为配电变电所（图7.11）。

7.2.2 负荷等级及供电要求

（1）一级负荷

如果供电中断将造成人身伤亡、重大经济损失或政治影响，必须有两个独立的电源供电。

（2） 二级负荷

如果中断电源将造成较大的经济损失、政治影响、公共秩序混乱，可考虑用一回架空线（或电缆）供电。

（3）三级负荷

不属一级、二级者，对供电无特殊要求者。

7.2.3 电力网的电压等级

我国现行电网额定电压标准分为三级：低压为1 kV以下；中压为1，3，6，10 kV；高压为33，66，110，220，330，500 kV。

选择电力网电压等级，一是电压等级数量要尽量减少，级差一般是2～3倍；二是要进行多方面的技术经济比较，优先选择高电压方案。

7.2.4 低压配电系统设计

中压进线进入变电所，经变压后，低压配电出线一般采用380 V/220 V（中性零线直接接地系统），供场地动力和照明设备用电。

（1）低压配电的线路方式

低压配电的线路方式是指从变电所引出的低压线路引至用电区域的配电线路，有放射式、树干式、链式、环形式及混合式配电系统。

① 放射式配电系统。干线1由变电所低压端引出，引至各主要负荷点的主配电箱2，再以支干线3引至各分配电箱4后，再用支线5接到各用电设备上。放射式配电系统的优点是线路发生故障或检修时互不影响，供电可靠性高，但用材多、造价高，多用于供电可靠性要求高的场所。

② 树干式配电系统。树干式配电不需要在变电所低压侧设置配电装置，故结构大为简化，但供电可靠性差，干线1发生故障或检修时，影响范围大，但所用材料省，投资少。树干式配电系统适用于供电同容量小且分布较均匀的用电设备地区。

③ 链式配电系统。链式的特点与树干式相同，多用于链式支干线短，成链的配电箱或用电设备不多（不宜超过5个）且容量较小的用电设备处。

④ 环形式配电系统。把所有配电箱与变电所的低压侧连接成一个环，当任何一段线路发生故障或检修时都不会造成供电中断。环形式供电可靠性高，电压损失小，但投资较大。

⑤ 混合式配电系统。由以上配电系统中任两种以上方的式混合，称为混合式配电。它是一种常

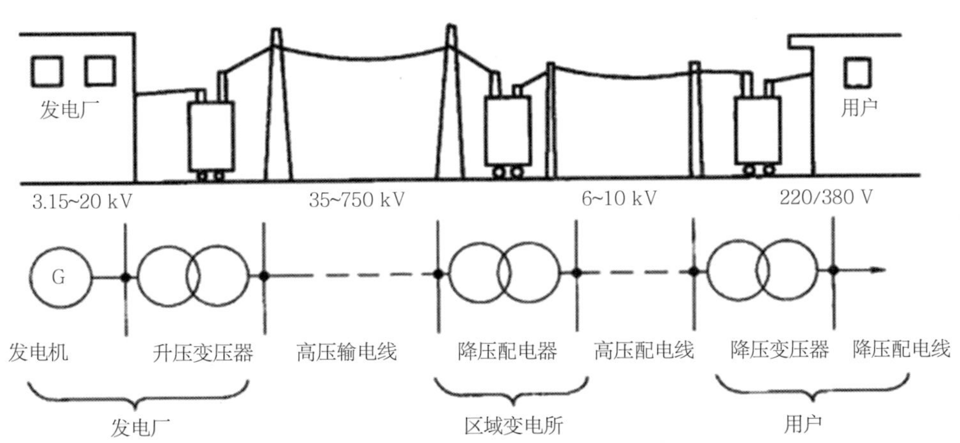

图7.11 从发电厂到用户的输配电过程示意图

用的配电方式。

（2）低压配电线路的敷设方式

低压配电线路的敷设方式可分为导线架空式和电缆埋地两种。

① 架空配电线路。架空线路是由导线、电杆、绝缘支撑物（绝缘子）及横担等组成。架空线路成本低、安装便捷、易发现故障，在输电和工厂供电系统的进线（10 kV电网）及中小型电力用户线路（220/380 V电网）中广泛应用。

② 埋地敷设低压配电线路（电力电缆）。指配电线路埋入地下。一般的地埋电缆线路可分为地下直埋电缆和在管沟内敷设电缆。

7.2.5 供电工程的任务和内容

（1）确定负荷

确定设计范围内的各类用电负荷，包括生产（含喷泉用电）、生活、公建、市政（给水、排水、道路、广场照明等）的用电量、用电性质（允许、不允许瞬时停电）、最大负荷、最小负荷等。作为供电工程设计的第一步，场地供电负荷的预测是选择电厂、变电所容量的基础，也是确定供电线路的回路数量、截面大小、采用的电压等级以及场地供电网结线方式的基本依据。

（2）选择电源

解决电能的来源是靠附近的电源供应还是独立发电。

（3）布置电力网

决定电力网的电压等级、变电所的数量和位置、线路或电缆的电压及电力网的线路方式等。

在解决上述问题时，可以提出多种供电方案，进行经济技术比较，最后选定一个技术先进、经济合理、安全实用的供电方案进行技术设计。

7.2.6 供电布置的基本要求

① 应满足用户对电能数量和电压质量的要求，做到供电的充足、合格。

② 保证用户对供电可靠性的要求，即保证不间断供电，可靠性要求高的地方必须有第二供电电源，并设置备用线路和自动切换装置。

③ 供电系统的设计在保证可靠性的前提下应简捷、经济， 避免变电所过多、结线重复迂回，应将远处变电所供电的用户改为由近处供电。

④ 建设投资适当，供电网络的建设标准应与场地设计相适应。

⑤ 留有发展余地，考虑场地未来的发展，在负荷增加时可不改或小改原有建设，对于网络的发展，能有步骤分阶段地进行建设。

⑥ 有利于城市的市容美观，处于城市内部的场地，在进行供电网络布置时，应尽可能地采用地下电缆敷设方式。

| 知识重点 |

1. 了解景观照明的功能特征。
2. 掌握景观照明设计的原则及方法。
3. 了解供电工程的知识。

| 作业安排 |

1. 通过设计案例掌握景观照明设计。
2. 通过调研了解供电工程系统。

8　给排水工程

8.1　给水工程

给水工程的任务是经济合理、安全可靠地供给建设项目的生产、生活用水，以及用于保障人民生命财产安全的消防用水，并满足对水量、水质和水压的要求。给水系统是由保证用水的各项构筑物和输配水管网组成的系统，它的任务是从水源取水，按照用户对水质的要求进行处理，然后将水输送到用水区，并向用户配水。

8.1.1　给水的分类

（1）按水源种类分类

给水按水源种类可分为地表水（江河、湖泊、蓄水库、海洋等）、地下水（浅层地下水、深层地下水、泉水等）和城市给水管网系统。

（2）按供水方式分类

给水按供水方式可分为自流系统（重力供水）、水泵供水系统（压力供水）和混合供水系统。

（3）按使用目的分类

给水按使用目的可分为生活用水、生产给水和消防给水系统。

（4）按服务对象分类

给水按服务对象可分为城市给水和工业给水系统。

绝大多数城市采用统一给水系统，即用同一系统供应生活、生产和消防等各种用水。可是工业用水的水质和水压要求却有其特殊性。在工业用水的水质和水压要求与生活用水不同的情况下，有时可根据具体条件，除考虑统一给水系统外，还采用分质、分压等给水系统。

给水系统布置主要受城市规划、水源、地形等因素影响。按照城市规划，水源条件，地形，用户对水量、水质和水压的要求等方面的具体情况，给水系统有多种布置方式。

8.1.2　给水系统的组成与布置形式

（1）给水系统的组成

给水系统一般由给水管和构筑物组成。当场地周围没有市政管网或者市政给水管网不能满足场地用水要求时，场地给水系统还包括场地内（或场地外）必须建设的取水工程和净水工程。取水工程包括选择水源和取水地点，建造适宜的取水构筑物，保证获取水量充足的原水，净水工程则对天然原水进行处理，使其满足水质要求。

（2）给水系统的布置形式

① 统一给水系统

统一给水系统指各种用水都按照生活饮用水水质标准，用统一的给水管网供给用户的给水系统。通常在场地中用户较为集中，不需长距离输送水量，且用户对水质、水压要求相差不大时，宜采用统一给水系统。

② 分质给水系统

将经过不同净化过程净化的水用不同的管道，分别将不同水质的水供给各个用户，这种给水系统称为分质给水系统。分质给水系统适用于工业用水量比重较大、水源较多，且各主要用户对水质有不同要求的超大型场地，特别是低水质占有较大比重的场地。其优点是处理构筑物的容积小、投资小，节约药剂和动力费用，缺点是管道系统增多，管理较复杂。

③ 分区给水系统

分区给水系统是将场地内的整体给水系统，按其特点分成几个系统，每个系统相对独立，系统之间保持适当联系，以保证供水安全和调度的灵活性。其优点是节约管网投资和动力费用，缺点是管理比较分散。它一般适用于狭长带形地区或功能差别较大的大中型场地。

④ 分压给水系统

分压给水系统是由两个或两个以上的给水系统向不同高程的用户供水。这种系统适用于水源较多，场地分布高差较大的山区或丘陵地区。它能减少动力费用，降低管网压力，减少高压管道和设备用量，并可分期建设。其主要缺点是管理人员和设备较多。

⑤ 重复使用给水系统

重复使用给水系统是将使用过的水经过简单处理或不经处理而重复使用的给水系统。它是场地节约用水的有效途径之一。

8.1.3 景观给水工程

景观工程的给水工程是城市给水工程的一部分，特别是公园和其他公用绿地等是市民休息游览的场所，同时又是树木、花草较集中的地方。由于游人活动的需要、植物养护管理及水景用水的补充等，其用水量是很大的。

（1）用水类型

根据水的用途分为生活用水、养护用水、造景用水及消防用水。景观给水工程的任务就是如何经济、合理、安全可靠地满足这四个方面的用水需求。

（2）水源与水质

景观中水源的解决，因其所在地区的供水情况不同，取水方式也各异。城区的场地可以直接从就近的城市自来水管引水；附近有水质较好的江、河、湖水的可引用江湖水，地下水较丰富的地区可自行打井抽水；近山的景观还可引用山泉水。

景观用水的水质要求，可因其用途不同分别处理。养护用水只要无害于动植物、不污染环境即可。但生活用水（特别是饮用水）则必须经过严格净化消毒，水质须符合国家颁布的卫生标准。江、河、湖塘和浅井中的水是地表水，由于长期暴露于地面上而容易受到污染，水质较差，必须经过净化和严格消毒，才可作为生活用水。地下水包括泉水以及从井中取用的水，由于其水源不易受污染，水质较好，一般情况下除必要的消毒外，不必再净化。

（3）景观给水工程的内容

景观给水工程的内容一般包括以下三点：

① 确定用水定额，估算场地总用水量和给水系统中各单项工程设计用水量。

② 研究满足各种用户对水量和水质要求的可能性，合理地选择水源及用水的供给形式和可行性。

③ 布置场地内输水管道及给水管网，估算管径、工程造价等。

（4）景观给水工程的一般原则

① 满足建设项目对水量、水质、水压的要求，及时提供必要的用水。

② 正确处理各种用户用水的关系，合理安排水源的利用，节约用地，节省能耗和劳动力。

③ 合理选择给水系统的布置形式，应根据水源性质和场地自然条件、用水要求及原有给水工程条件等，综合考虑选择适宜的形式，必要时提出不同方案进行经济技术比较。

④ 处理好近、远期建设的关系，按近期设计的同时考虑远期发展，作出全面规划。扩建和改建工程应充分发挥原有工程设施的效能。

⑤ 设计应努力提高水的复用率，注重经济效益的同时，兼顾社会效益和环境效益。

⑥ 积极采用业已为科学试验和生产实践所证明的、经济而先进的新技术、新工艺、新材料和新设备。

（5）给水管网水力计算

给水管网水力计算的目的在于根据计算流量确定管网中管段的管径和水头损失。

① 用水量标准

用水量标准是国家根据各地区城镇的性质、生活水平和习惯、气候、房屋设备以及生产性质等不同情况而制订的单位用水定额。由于我国地域辽阔，因此，各地的用水量标准也不尽相同。

② 设计用水量的计算

在给水系统的设计中，设计年限内的各种构筑物的规模是按最高日用水量来确定的，而给水管网的设计是按最高日最高时用水量来计算确定的。最高日最高时管网中的流量就是给水管网的设计流量。

场地中的用水量在任何时间里都不是固定不变的。把一年中用水最多的一天的用水量，称为最高日用水量。最高日用水量与平均日用水量的比值，称为日变化系数K_d，即

日变化系数Kd=最高日用水量/平均日用水量

式中，K_d值在城镇为1.2～2.0；在场地中，由于节假日游人较多，其值为2～3。

把最高日那天中用水最多的一小时，称为最高时用水量。最高时用水量与平均时用水量的比值，称为时变化系数K_h，即

时变化系数K_h =最高时用水量/平均时用水量

式中，K_h值在城镇为1.3～2.5；在场地中，由于白天、晚上差异较大，其值为4～6。

③ 经济流速

流量是指单位时间内水流流过某管道的量，也称为管道流量。其单位一般用L/s或m/h表示。当流量一定时管径越大则流速越小，水头损失就越小，但管材投资大；管径越小则流速越大，水头损失增大，可能造成管道远端水压不足。给水管径的选择应考虑管网造价和年经营费用两种主要经济因素。按不同的流量范围，在一定计算年限内（称为投资偿还期）管网造价和经营管理费用（主要是电费）两者总和为最小时的流速，称为经济流速。

④ 管道压力和水头损失

在给水管上任意点接上压力表都可测得一个读数，这个数值便是该点的水压力值。管道内的水压力通常以kg / cm^2表示。水在管中流动，水和管壁发生摩擦，克服这些摩擦力而消耗的势能则称水头损失。水头损失可用水压表测出，它与管道材料、管壁粗糙程度、管径、管内流动物质以及温度因素有关。

（6）给水管网的布置

给水管网的布置必须了解场地内用水的特点和场地四周的给水情况。

① 给水管网基本布置形式

A. 树枝式管网。干管与支管的布置犹如树干与树枝的关系，这种布置方式构造简单，省管材，投资少，但其缺点是供水可靠性差，一旦管网出现问题或需维修时，影响用水面较大，同时各支管尽端易造成“死水”，恶化水质。树枝式管网布置适合于用水量不大、用水点较分散的场地，对分期发展的场地有利。

B. 环状管网。是把供水干管间用联络管互相连通，闭合成环，使管网供水能互相调剂。当管网中的某一管段出现故障，也不致影响供水，从而提高了供水的可靠性。这种布置形式还可降低管网中的水头损失、节省动力，但这种布置形式管线较长，投资较大。

② 管网的布置要点

A. 按照总体规划布局的要求布置管网，并且需要考虑分步建设。

B. 干管布置方向应按供水主要流向延伸，而供水流向取决于最大的用水点和用水调节设施（如高位水池和水塔）位置，即管网中干管输水距它们距离最近。

C. 管网布置必须保证供水安全可靠，干管一般按主要道路布置，宜布置成环状，但应尽量避免布置在园路和铺装场地下敷设。

D. 力求以最短距离敷设管线，以降低管网造价和供水能量费用。

E. 在保证管线安全不受破坏的情况下，干管宜随地形敷设，避开复杂地形和难于施工的地段，减少土方工程量。在地形高差较大时，可考虑分压供水或局部加压，不仅能节约能量，还可以避免地形较低处的管网承受较高压力。

F. 为保证消火栓处有足够的水压和水量，应将消火栓与干管相连接，消火栓的布置，应先考虑在主要建筑。

8.1.4 灌溉系统

（1）灌溉方式

景观中的灌溉方式有人工浇灌和自动喷灌等。人工浇灌拉胶皮管耗费劳力、易损坏花木，而且用水也不经济。因此，实现灌溉的管道化、自动化已提到日程上来。喷灌近似于天然降水，对植物全株进行灌溉，可以洗去树叶上的尘土，增加空气中的湿度，而且节约用水。喷灌系统的布置近似于上述的给水系统，其水源可取自城市的给水系统，也可取自江河、湖泊和泉源等水体。喷灌系统的设计就是要求获得一个完善的供水管网，通过这一管网为喷头提供足够的水量和必要的工作压力，供所有喷头能正常工作。在必要时，管网还可以分区控制。

（2）自动喷灌的形式

喷灌系统的形式可分为移动式、半固定式和固定式三类。

① 移动式喷灌系统

要求灌溉区内有天然水源（池塘、河流等），其动力（电动机或汽油发动机）、水泵、管道和喷头等是可以移动的，由于管道等设备不必埋入地下，因此投资较省，机动性强，但管理劳动强度大。它适用于水网地区的园林绿地、苗圃和花圃的灌溉。

② 固定式喷灌系统

该系统有固定的泵站，供水的干管、支管均埋于地下，喷头固定于竖管上，也可临时安装。还有一种较先进的固定喷头，喷头不工作时，缩入套管中或检查井中；使用时，打开阀门，水压力把喷头顶升到一定高度进行喷洒；喷灌完毕，关上阀门，喷头便自动缩入管中或检查井中。这种喷头便于管理，不妨碍地面活动，不影响景观，高尔夫球场多用，景观中有条件的地方也可使用。固定式喷灌系统的设备费较高，但操作方便，节约劳力，便于实现自动化和遥控操作。它适用于需要经常灌溉和灌溉期较长的草坪、大型花坛、花圃、庭院绿地等。

③ 半固定式喷灌系统

其泵站和干管固定，支管及喷头可移动，优缺点介于上述二者之间。它适用于大型花圃或苗圃。

8.2 排水工程

8.2.1 排水工程的对象

（1）生活污水

生活污水是指人们日常生活中产生的污水，如厕所、厨房、浴室、洗衣房等排出的水。其中，厕所排出的污水又称粪便污水；其他场所排出的污水又称成活废水。生活污水含有大量的有机物和细菌，必须经过适当处理才可排出。

（2）生产污水

生产污水是指工业生产过程中产生的废水，来自车间或矿场等地。根据污染程度的不同，可分为生产废水和生产污水。

（3）降水

降水包括地表径流的雨水和冰雪融化水，常称为雨水。降水的特点是历时集中，水量集中，除初期雨水外，一般较洁净，可不经处理排出。

8.2.2 排水方式

（1）利用地形排水

针对地表降水利用竖向设计将地形加以组织划分排水区域，就近将水排入水体或附近的雨水干管。

（2）明沟排水

土明沟或砖、石、混凝土明沟，坡度不小于0.4%。

（3）管道排水

将管道埋于地下，有一定的坡度，将水通过排水构筑物等排出。

8.2.3 排水系统

（1）排水系统的组成

① 污水排水系统

污水排水系统由以下五个主要部分组成：

A. 室内卫生设备和污水管道系统。

B. 室外污水管道系统。

C. 污水泵站及压力管道。

D. 污水处理与利用构筑物。

E. 排入水体的出水口。

② 工业废水排水系统

A. 车间内部管道系统。

B. 厂区管道系统及设备。

C. 污水泵站及压力管道。

D. 污水处理站。

E. 出水口。

③ 雨水排水系统

雨水排水系统由以下列四个主要部分组成：

A. 房屋的雨水管道系统的设备。

B. 场地的雨水管渠系统。

C. 排洪沟。

D. 出水口（渠）。

（2）排水体制

对生活污水、工业废水和地表降水采取的汇集方式，称为排水体制，也称排水制度。排水体制可分为分流制和合流制两种基本类型。

① 分流制排水体制

采用两个或两个以上排水管渠系统，分别汇集、输送、排除或处理生活污水、工业废水、地表降水的方式，称为分流制排水体制。分流制排水体制排水系统中，雨水排水系统通常有两种作法：一种是设置完善的雨水管渠系统，另一种是利用地形、道路边沟和明渠将雨水排泄到天然水体。分流制排水体制有利于环境卫生的保护及污水的综合利用。

② 合流制排水体制

将污水和雨水用统一管道系统进行排除的体制，称为合流制排水体制。合流制排水体制的优点是节约管道长度，施工方便。其缺点是管道断面大，晴天利用不充分，且混合污水综合利用较困难。合流制排水体制在新建工程中多不采用。

8.2.4 排水工程的内容和原则

（1）排水工程的内容

① 估算场地内各种排水量。雨水量要单独估算，生活污水量和工业废水量之和，称为总污水量。

② 拟订场地污水、雨水的排除方案。包括：确定排水分区和排水方向，研究生活污水、工业废水和雨水的排除方式，场地内部与周边原有排水设施的研究、利用与改造，确定排水系统建设方案。

③ 研究场地污水处理与利用的方法。确定污水的处理程序、处理方式及综合利用的途径。

④ 进行排水系统的平面布置。确定排水分区、划分排水流域、进行污水管网、雨水管网、防洪沟渠的具体布置，确定主干管、干管的走向、位置、管径及提升泵站的位置等。

⑤估算场地排水工程的造价及年经营费用。

（2）排水工程的原则

① 符合场地总体布局的要求，并和其他专业设计密切配合、相互协作。

② 满足环境保护的要求。

③ 充分发挥场地内原有排水设施的作用。

④ 远、近期结合，安排好分期建设。

8.2.5 景观排水工程

（1）景观排水的特点

① 主要是排除雨水和少量生活污水。

② 场地中地形起伏多变，有利于地面水的排除。

③ 场地中大多有水体，雨水可就近排入水体。

④ 可采用多种方式排水，不同地段可根据其具体情况采用适当的排水方式。

⑤ 排水设施可尽量结合造景。

⑥ 排水的同时要考虑土壤能吸收到足够的水分，以利植物生长，干旱地区尤应注意保水。

（2）景观雨水排水的主要方式

景观中排除地表径流基本上有三种形式，即地面排水、沟渠排水和管道排水。

① 地面排水

地面排水的方式最为经济，利用场地中地形条件，通过竖向设计将谷、涧、沟、道路等加以组织，划分排水区域，并就近排入自然或景观水体或城市雨水干管。

地面排水方式可以归结为五个字：拦、阻、蓄、分、导。

A. 拦。把地表水拦截于园地或某局部之外。

B. 阻。在径流流经的路线上设置障碍物挡水，达到消力降速以减少冲刷的作用。

C. 蓄。蓄包含两方面意义，一是采取措施使土壤多蓄水；二是利用地表洼处或池塘蓄水。这对干旱地区的园林绿地尤其重要。

D. 分。用山石建筑墙体等将大股的地表径流分成多股细流，以减少危害。

E. 导。把多余的地表水或造成危害的地表径流利用地面、明沟、道路边沟或地下管及时排放到场地内（或场地外）的水体或雨水管渠中去。

在地面排水的组织中可能会造成地表土层被冲蚀，原因主要是由于地表径流（径流是指经土壤或地被植物吸收及在空气中蒸发后余下的在地表面流动的那部分天然降水）的流速过大。解决这个问题可以从以下三方面着手：

A. 竖向设计。注意控制地面坡度，使之不致过陡，有些地段如较大坡度不可避免，应另采取措施以减少水土流失；同一坡度（即使坡度不太大）的坡面不宜延续过长，应该有起有伏，使地表径流不致一冲到底，形成大流速的径流；利用顺等高线的盘谷山道、谷线等组织拦截，分散排水。

B. 工程措施。一般地表径流在谷线或山洼处汇集，坡度变化较大，形成大流速径流，为了防止其对地表的冲刷，在汇水线上布置一些消能石（谷方）；在山坡道路边设置挡水石和护土筋，借以减缓水流的冲力，达到降低其流速，保护地表的作用。雨天，流水穿行于山石之间，辗转跌岩又能形成生动有趣的水景。

C. 利用地被植物。一方面植物根系深入地表将表层土壤颗粒稳固住，使之不易被地表径流带走；另一方面植被本身阻挡了雨水对地表的直接冲刷，吸收部分雨水并减缓了径流的流速。因此，加强绿化是防止地表水土流失的重要措施。

② 管渠排水

场地应尽可能利用地形排除雨水，但在某些局部如广场、主要建筑周围或难于利用地面排水的局部，可以设置暗管，或开渠排水。这些管渠可根据分散和直接的原则，分别排入附近水体或城市雨水管，不必是完整的系统。

A. 雨水管渠的布置原则

a.充分利用地形，就近排入水体。

b.结合道路规划布局，雨水管道一般宜沿道路设置。

c.结合竖向设计，进行场地竖向设计时，应充分考虑排水的要求，以便能合理利用地形。

d.雨水管渠形式的选择：自然或面积较大的公园绿地中，宜多采取自然明沟形式，在城市广场、小游园以及没有自然水体的公园中可以采取盖板明沟和雨水暗管相结合的形式排水。

e. 雨水口布置应使雨水不致漫出道路而影响游人行走，在汇水点、低洼处要设雨水口，注意不要设在对游人不便的地方。道路雨水口的间距，取决于道路坡道、汇水面积及路面材料，一般在25～60 m设雨水口一个。

B. 雨水管渠的设计基本要求

a. 最小覆土深度

管道的最小覆土深度根据雨水井连接管的坡度、冰冻深度和外部荷载情况决定，雨水管的最小覆土深度应不小于0.7 m。

b. 最小坡度（表8.1）

表8.1 雨水管道各种管径最小坡度

管径/mm	200	300	350	400
最小坡度	0.004	0.003 3	0.003	0.002

•道路边沟的最小坡度应不小于0.002。

•梯形明渠的最小坡度应不小于0.000 2。

c. 最小允许流速

•各种管道在自流条件下的最小允许流速不得小于0.75 m/s。

•各种明渠的最小允许流速不得小于0.4 m/s。

d.最小管径及沟槽尺寸

•雨水管最小管径应不小于300 mm，一般雨水口连接管最小管径为200 mm，最小坡度为0.01。公园绿地的径流中挟带泥沙及枯枝落叶较多，容易堵塞管道，故最小管径限值可适当放大。

•梯形明渠为了便于维修和排水通畅，渠底宽度不得小于30 cm。

•梯形明渠的边坡，用砖石或混凝土块铺砌的一般采用1:0.75～1:1的边坡。

e.排水管渠的最大设计流速

•管道：金属管为10 m/s；非金属管为5 m/s。

•明渠：水流深度h为0.4~1.0 m时，适宜按表8.2采用。

表8.2 明渠最大设计流速

明渠类别	最大设计流速/$m\cdot s^{-1}$	明渠类别	最大设计流速/$m\cdot s^{-1}$
粗沙及贫沙质黏土	0.8	草皮护面	1.6
砂质黏土	1.0	干砌块石	2.0
黏土	1.2	浆砌块石及浆砌砖	3.0
石灰岩及中沙土	4.0	混凝土	4.0

C. 排水管网附属构筑物

在雨水排水管网中常见的附属构筑物有检查井、跌水井、雨水口和出水口等。

a.检查井

检查井的功能是便于管道维护人员检查和清理管道。另外，它还是管段的连接点。检查井通常设置在管道方向坡度和管径改变的地方。

b.跌水井

跌水井是设有消能设施的检查井。在地形较陡处，为了保证管道有足够覆土深度，管道有时需跌落若干高度。在这种跌落处设置的检查井便是跌 水井。

c.雨水口

雨水口通常设置在道路边沟或地势低洼处，是雨水排水管道收集地面径流的孔道。

d.出水口

出水口是排水管渠排入水体的构筑物，其形式和位置视水位、水流方向而定，管渠出水口不要淹没于水中，最好令其露在水面上。为了保护河岸或池壁及固定出水口的位置，通常在出水口和河道连接部分应做护坡或挡土墙。

场地中的雨水口、检查井和出水口，其外观应该作为景观的一部分来考虑。有的在雨水井的篦子或检查井盖上铸（塑）出各种美丽的图案花纹；有的则采用艺术手法，以山石、植物等材料加以点缀。但是不管采用什么方法进行点缀或伪装，都应以不妨碍这些排水构筑物的功能为前提。

（3）景观污水的处理

景观中的污水是城市污水的一部分，与一般城市污水比较，它所产生的污水的性质较简单，污水量也较少。这些污水基本上由两部分组成：一是餐厅、茶室、小卖部等饮食部门的污水；二是由厕所等卫生设备产生的污水，在动物园或带有动物展览区的公园里还有部分动物粪便及清扫禽兽笼舍的脏水。净化这些污水应根据其不同性质分别处理。

饮食部门的污水中含有较多的油脂，可设带有沉淀室的隔油井，经沉渣、隔油处理后直接排入就近水体。这些肥水可以养鱼，也可以给水生植物使水生植物通过光合作用产生大量的氧，溶解于水中，为污水的净化创造了良好条件。

粪便污水处理则应采用化粪池。污水在化粪池中经沉淀、发酵、沉渣，液体再发酵澄清后，污水可排入城市污水管；在没有城市污水管的郊区公园或风景区，如污水量不大，可设小型污水处理器或氧化塘对污水进一步处理，达到国家规定的排放标准后再排入园内或园外的水体。

| 知识重点 |

1. 了解景观给水的分类。
2. 掌握景观给水工程的特点。
3. 熟悉景观灌溉系统及布局。
4. 了解景观工程的排水方式。
5. 掌握景观排水工程的相关知识。

| 作业安排 |

1. 通过设计案例掌握景观照明设计。
2. 通过调研了解供电工程系统。

9 管线工程综合

在景观工程中，建设用地的地上、地下有很多为满足生产、生活的需要而敷设的管线（如给水、排水、电力、通信、热力、煤气管线等），这些管线的性质不同、用途各异，大多利用道路集中进行布置，如果不进行综合安排，就可能产生各种管线在平面和空间布置上相互冲突和干扰。例如，场地内外管线之间及其与建、构筑物之间的衔接，道路或场地上各种管线的平行敷设与交叉，管线和建筑物、构筑物在用地上的矛盾，以及拟建管线和现存管线之间的矛盾等问题。因此，场地设计中必须对各种工程管线进行综合考虑，作出统一安排和布置。

9.1 管线工程类别及布置原则

9.1.1 管线工程类别

（1）按性质与用途分类

按性质与用途景观设计中主要会遇到以下类型的管线：给水管线、排水沟管、电力管线、通信管线（电话线、有线电视线、广播线等）、热力管道（蒸汽、热水管道、温室能源专线等）、可燃气体管道和其他特殊用途管道等。

（2）按敷设方式分类

① 架空敷设

架空敷设管线一般有电力管线和电信管线，其他类型的管道一般主要在跨越铁路、道路较多的地段采用。架空敷设的特点是造价低、易于找出故障地点和便于修理。其缺点是影响城市市容。

② 埋地敷设

在工程地质条件好、地下水位低、土壤和地下水位无腐蚀、地形平坦、风速较大并要求管线隐蔽时，无腐蚀性、毒性、爆炸危险性的液体管道，含湿的气体管道，以及电缆和水力输送管道等，通常采用地下敷设方式。地下管线敷设方式可分为直接埋地和管沟敷设两种方式。

（3）按输送压力方式分类

①压力管道：如给水、燃气和灰渣等。

②重力、自流管道：如雨水、污水和明沟等。

9.1.2 管线综合布置原则

（1）管线布置须与场地总平面的建筑、道路、绿化、竖向布置相协调。

管线布置应尽量使管线之间及其与建、构筑物之间，在平面和竖向关系上相协调，既要考虑节约用地、节省投资、减少能耗，又要考虑施工、检修及使用安全的要求，并要不影响场地的预留发展用地。

（2）与城市管线妥善衔接。

根据各管网系统的管线组成，妥善处理好与城市管线的衔接问题。

（3）合理选择管线的走向。

根据管线的不同性质、用途、相互联系及彼此之间可能产生的影响，以及管线的敷设条件和敷设方式，合理地选择管线的走向，力求管线短捷、顺直，适当集中，并与道路、建筑物轴线和相邻管线相平行，尽量缩短主干管线的敷设长度，以减少管线营运中电能、热能的长期消耗。同时，干管宜布置在靠近主要用户及支管较多的一侧。

（4）尽量减少管线的交叉。

尽量减少管线之间，以及管线与道路、铁路、河流之间的交叉。当必须交叉处理时一般宜为直角交叉，仅在场地条件困难时，可采用不小于45° 的交角，并应视具体情况采取加固措施等。

（5）处理好管线综合的各种矛盾。

当管线在平面和竖向发生矛盾时，一般按以下列原则处理：

① 压力管线让重力自流管线。

② 可弯曲管线让难弯曲和不易弯曲管线。

③ 分支管线让主干管线。

④ 小管径管线让大管径管线。

⑤ 临时性的管线让永久性的管线。

⑥ 施工工程量小的管线让施工工程量大的管线。

⑦ 新建的管线让原有的管线。

⑧ 检修次数少的、方便的管线让检修次数多的、不方便的管线。

⑨ 电力与电信管线宜远离布置，一般可按照电力电缆在道路东、南侧，电信电缆在道路西、北侧的原则。

（6）合理利用地上、地下空间，尽量采用地下埋设。

架空管线尽可能共杆架设，地下允许同沟敷设的管线采用合槽、共沟或综合管沟等形式。管线附属构筑物应交错布置、避免冲突，尽量减少检查井的数量，节约建设用地。

（7）管线布置应与场地地形、地质状况相适应。

管线线路应尽量避开塌方、滑坡、湿陷、深填土等不良地质地段。沿山坡、陡坎和地形高差较大地面布置管线时，宜尽量利用原有地形，并注意边坡稳定和防止冲刷。

（8）特殊要求的管线应有相应措施。有特殊要求的管线布置应考虑相应措施。

（9）处理好管线工程的近远期建设。

全面规划、近期为主、集中建设、近远期相结合。合理布置改、扩建工程的管线，新增管线不应影响原有管线的使用。

9.2 地下管线布置

管线埋地敷设的方式施工简便、节省投资，适宜一般重力自流管线和压力管线，特别对于有防冻及防止温度升高要求的管线多采用此种形式。埋地管线一般布置在道路两侧或一侧与建筑物之间的空地下，也可布置在绿化带内，但不宜布置在乔木下。地下管线布置时，可将性质类似、埋深相近的管线排列在一起，压缩管线间距、节约用地，并为管线同沟敷设和机械化施工创造条件。

9.2.1 地下管线水平净距

合理的地下管线综合布置中、管线之间及其与建、构筑物之间的水平距离的正确选择十分重要。管线之间的最小水平距离以管线外壁之间的净距为准。地下敷设的管线与平行布置的管线及建筑物、构筑物、道路、绿化等的间距应根据埋设深度、直径大小、介质性质、压力与温度、检查井结构、建筑物基础、道路形式、地质与施工条件等决定。具体参观《城市工程管线综合规划规范》。

确定地下管线的最小水平净距，一般应满足以下要求：

① 避免管线之间的相互干扰和影响。

② 满足管线开挖及布置管线附属设施的要求。

③ 满足管线机械化施工的要求。

9.2.2 地下管线的交叉及最小垂直净距

地下管线交叉敷设时，各类管线由浅入深垂直排序应为电信管线、热力管线、电力管线、燃气管线、给水管线、雨水排水管线、污水排水 管等。

① 电信管线在其他管线之上，而污水管线在其他管线最下面。

② 电力电缆应在热力管线下面、其他管线上面。

③ 热力管线应在可燃气体管线和给、排水管线上面。

④ 给水管线应在排水管线上面。

为确保管线的安全，在管线竖向交叉时，管线之间及其与道路等的交叉必须保证一定的垂直净距（表9.1）。

9.2.3 地下管线最小埋设深度

埋设深度要求是指地下管线的管（沟）顶至地面的距离。地下管线的最小埋设深度与管线的使用、维修、防冻及防压等因素有关（表9.2）。

通常，在满足管线最小埋深及负荷生产要求的前提下，地下管线应力求浅埋，管底部高差也不宜过大，以减少工程量，同时应考虑一次开挖的可能性。重力自流管线的埋深应保证其管线流向的坡度。为减少管线工程量，在可能的情况下，应尽量采用综合管沟的敷设方式。

9.3 管线工程综合设计的编制

工程管线综合施工设计成果以图纸为主，辅有少量文字说明。

9.3.1 管线工程综合设计平面图编制

管线工程综合设计平面图表达内容主要为各种管线在平面图中的准确位置。图纸比例与总平面布置施工图中的建、构筑物，铁路，道路定位图一致。图中不绘测量坐标网及地形地貌。图纸比例通常为1：500。若设计范围过大。图纸比例也可采用1：1 000，但需要有1：500的分段道路工程管线综合设计平面补充。

此图综合表示综合设计范围内道路平面、道路交叉口中心线的坐标、路面标高、各类工程管线、泵位、井位、过路管、支管接口的具体的平面位置。该图的编制说明如下：

① 管线在道路交叉点、转折点、坡度变化点、管线起讫点以及建筑物转角处，标注其坐标值及管线定位尺寸。用地范围较小、管线种类不多或者道路布置不规则时，可采用网格法进行管线定位。

② 管线规格的相关数据，如管长、管径、坡度、走向等均用数字、箭头或指引线准确标注。

③ 新设计及原有的建筑物、构筑物、铁路、道路，均用细实线绘制。新设计的管线用中粗线绘制。

④ 几种管线共架或共沟时，只绘出主要管线

表9.1 地下管线间的最小垂直净距/m

管线名称			铺设在下面的管道						
			给水管	排水管	热水管	煤气管	电力线		电力电缆
							铠装电缆	管道	
铺设在上面的管线	给水管		0.10	0.10	0.10	0.10	0.20	0.10	0.20
	排水管		0.10	0.10	0.10	0.10	0.20	0.10	0.20
	热水管		0.10	0.10	—	0.10	0.20	0.10	0.20
	煤气管		0.10	0.10	0.10	0.10	0.20	0.10	0.20
	电信	铠装电缆	0.20	0.20	0.20	0.20	0.10	0.10	0.20
		管道	0.10	0.10	0.10	0.10	0.15	0.10	0.15
	电力	高压电缆	0.20	0.20	0.20	0.20	0.20	0.15	0.50
		低压电缆	0.20	0.20	0.20	0.20	0.20	0.15	0.50
	明沟（沟底）		0.50	0.50	0.50	0.50	0.50	0.50	0.50
	涵洞（基础底）		0.15	0.15	0.15	0.15	0.20	0.25	0.50
	电车（轨道底）		1.00	1.00	1.00	1.00	1.00	1.00	1.00
	铁路（铁路底）		1.00	1.00	1.00	1.00	1.00	1.00	1.00

表9.2 地下管线间的最小覆土深度/m

管线名称	给水管	污水管		雨水管	煤气管	热水管		电力电缆		电信管道电缆
		≤350 mm	≥400 mm			有沟	无沟	1kV以下	10~35kV	
复土深度（地面至管顶）	冰冻线以下0.3，但≮0.7	冰冻线以下0.3，但≮0.7	冰冻线以下0.5，但≮0.7	冰冻线以下，但≮0.7	冰冻线以下，但≮0.8	0.5	1.0	0.7	1.0	0.5

中心线，但在该管线中心线上，须标注共架或共沟各管线代表符号。

⑤ 图中一般只标注建、构筑物标高，必要时标注与管线有关的平土标高。

⑥ 图中还应有图例、规定格式的图标和汇鉴栏以及说明。

9.3.2 管线交叉点标高图编制

此图纸的作用主要是检查和控制交叉管线的空间位置，图纸比例大小及管线的布置和综合平面图相同（在综合平面上复制而成，但不绘地形，也可不注坐标），并在道路的每个交叉口编上号码，便于查对（图9.1）。

管线种类多且比较复杂的交叉点。应将比例尺放大（一般为1：500）。将管道直径、地面控制高程直接注在平面上，然后将管线交叉点上两相邻管的外壁标高引出，注于图上空白处。这样可清楚地看到管线的全面情况。管线交叉点标高的表示方法有以下三种：

（1）垂距简明表示法

表9.3 垂距简表

<table>
<tr><td colspan="2">名 称</td><td colspan="2">截 面</td><td>管底标高</td></tr>
<tr><td colspan="2"></td><td colspan="2"></td><td></td></tr>
<tr><td colspan="2"></td><td colspan="2"></td><td></td></tr>
<tr><td>净 距/m</td><td colspan="2"></td><td>地面标高</td><td></td></tr>
</table>

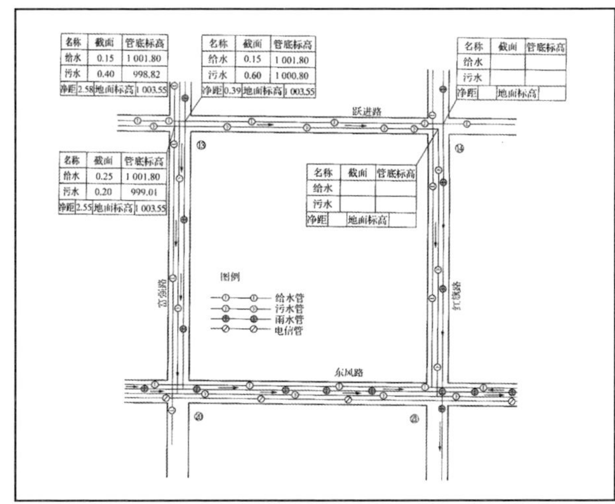

图9.1 管线交叉点标高图

在每一个管线交叉点处画一垂距简表，详见表9.3，然后把地面标高、管线截面大小、管底标高以及管线交叉处的垂直净距等项填入表中（表中管线截面尺寸单位一般用mm，标高等均用m）。这种表示方法适用于交叉管线不太复杂的情况。

（2）编号列表法

先将管线交叉点编上号码，而后依照编号将管线标高等各种数据填入另外绘制的交叉管线垂距表中（表9.4），有关管线冲突和处理的情况则填入垂距表的附注栏中，修正后的数据填入相应各栏中。这种方法的优点是可以不受管线交叉点标高图图面大小的限制，缺点是使用起来不如前一种直观方便。

（3）混合法

根据管线交叉的情况不同，也可以同时采用上述两种方法。一部分管线交叉点用垂距简表表示在标高图上，另一部分交叉点编上号码，并将数据填入垂距表中。采用此法时，往往把管线交叉点较多的交叉口，或者管线交叉点虽少但在竖向发生冲突等问题的交叉口，列入垂距表中。

如果图纸上管线简单，且交叉点少，比例大时，也可把场地管线平面综合图和竖向综合图放于一张，先给交叉点编上号，并在图下附上每个管线交叉点处的标高（图9.2）。还可以将管道直径、长度、坡度、地面标高等直接标注在设计平面图上，用指引线引出交叉管线的标高。

9.3.3 标准横断面图

标准横断面图的图纸比例通常采用1:200（图9.3），图面内容主要包括以下两点：

① 道路红线范围内的各组成部分在横断面上的位置及宽度，如机动车道、非机动车道、人行道、分隔带、绿化带等。

② 规划确定的工程管线在道路中的位置。

表9.4　交叉管线垂距表

道路交叉口图	交叉口编号	管线交叉点编号	交叉点处的地面标高	上面				下面				垂直净距/m	附注
				名称	管径/mm	管底标高/m	埋设深度/m	名称	管径/mm	管底标高/m	埋设深度/m		
	3	1	给水					污水					
		2	给水					雨水					
		3	给水					雨水					
		4	雨水					污水					
		5	给水					污水					
		6	电信					给水					
	4	1	给水					污水					
		2	给水					雨水					
		3	给水					雨水					
		4	雨水					污水					
		5	给水					污水					
		6	雨水					污水					
		7	电信					给水					
		8	电信					给水					

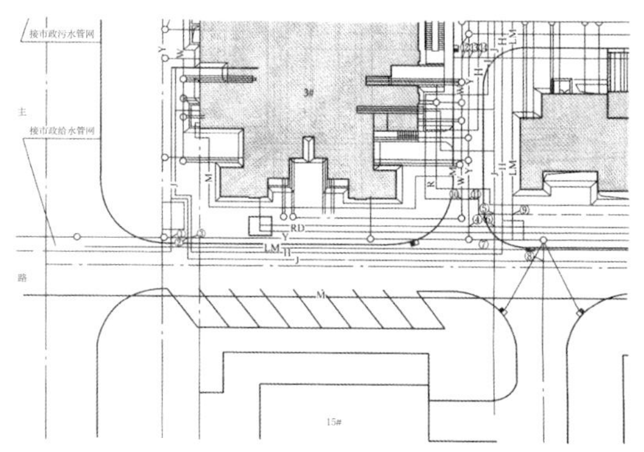

①	35.33 DN500 Y / 34.73 DN250 J	②	35.33 DN500 Y / 34.73 DN250 J	③	35.33 DN500 Y / 34.78 DN150 J	④	35.70 6Xd150 RD / 34.51 DN500 Y	⑤
⑦	2SC40 LM / 35.25 DN250 J	⑧	35.50 DN250 J / 34.49 Y	⑨	2SC40 LM / 35.25 4XDN100 R	⑩	35.51 DN300 W / 35.30 4XDN100 R	⑪
⑬	35.90 M / 34.83 DN500 Y	⑭	35.90 M / 35.50 DN150 H	⑮	35.90 M / 34.72 DN100 R	⑯	34.96 DN250 J / 34.54 DN150 R	⑰
⑲	35.50 DN250 J / 34.75 DN500 Y	⑳	35.50 DN250 J / 34.50 DN300 W	㉑	35.50 DN150 J / 34.84 DN500 Y	㉒	35.31 DN300 W / 34.83 DN400 Y	㉓

图 9.2　道路工程管线交叉点标高图

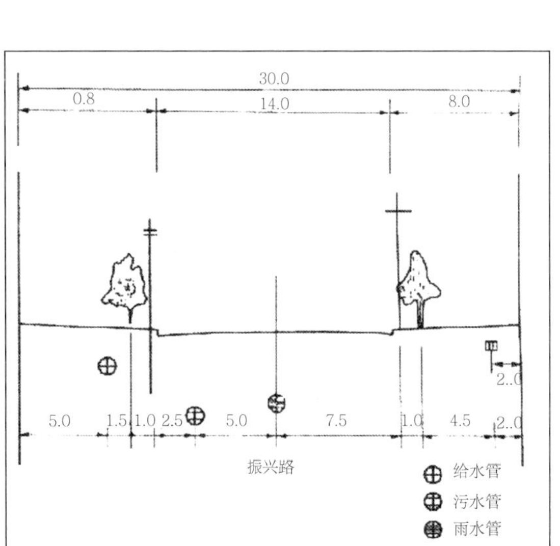

图9.3　道路工程管线标准横断面图

| 知识重点 |

1. 了解各种管线的工程类别。
2. 熟悉管线综合的布置原则。
3. 了解地下管线布置的特点。
4. 熟悉管线工程综合设计平面图编制。

| 作业安排 |

1. 通过设计案例掌握管线工程综合设计。

2. 参照施工图，熟悉管线工程综合设计平面图编制。

10 景观工程建设管理

景观工程作为建设项目中的一个类别，包含从设想、选择、评估、决策、设计、施工到竣工验收、投入使用的过程，最终发挥社会效益和经济效益。作为建设项目，其必定要遵循建设程序，即各项工作先后次序的法则和工程建设管理的内在规律。

通常的建设程序包括以下七个方面：

① 根据地区发展需要，提出项目建议书。

② 在踏勘、现场调研的基础上，提出可行性研究报告。

③ 有关部门建立项目立项。

④ 根据可行性研究报告编制设计文件，进行初步设计。

⑤ 初步设计批准后，作好施工前的准备工作。

⑥ 组织施工，竣工后经验收可交付使用。

⑦ 经过一段时间的运行，一般是1～2年，应进行项目后评价。

景观工程建设管理主要体现在两个方面：一方面是景观工程建设项目的程序管理，主要包括组织景观工程建设的招投标、景观工程的概预算、组织景观工程竣工验收和项目建成后的评价；另一方面是景观建设项目的施工管理，主要包括工程管理、质量管理、安全管理、成本管理及劳务管理。

10.1 景观工程设计

承担项目设计单位的设计水平应与项目大小、复杂程度相一致。按现行规定，工程设计单位分为甲、乙、丙、丁四级。分级标准以及所承担设计任务的范围都有明确的规定，低级的设计单位不得越级承担工程项目的设计任务，设计单位必须严格保证设计质量。设计须经过方案比较，以保证方案的合理性。设计所使用的基础资料、引用的技术数据、技术条件等要确保准确真实。

景观工程设计内容包括以下三个方面：

（1）总体规划图设计

由图纸和文字说明两部分组成。

（2）初步设计

在总体规划设计文件得到批准及待定问题得以解决后进行，包括设计图纸、说明书、工程量总表和概算。

（3）施工图设计

在初步设计批准后，进行施工图设计。施工图设计文件包括施工图、文字说明和预算。施工图设计分为道路、广场、建筑、种植、水体、驳岸、小品、山石、土方、各种地下或架空线的施工设计。按照各自工种的分工不同组成设计组，共同完成设计任务。有两个以上专业工种在同一地段施工，需要有施工总平面图，并经过审核会签，在平面尺寸关系和高程上取得一致。在一个子项目内，各专业工种要同时按照专业规范进行审核会签。

10.2 景观工程的概预算

（1）概算

按我国基本建设程序，景观建设工程项目在初步设计阶段应编制设计概算，如作技术设计还须编制修正设计概算；在施工图阶段应编制施工图预算。概算作为设计文件的组成部分，一经批准即成为控制景观建设项目投资的最高限额。它是建设单位编制投资计划、安排设备订货和委托施工以及设计单位考核设计方案的经济性和控制施工图预算的依据。是建筑企业和建设单位签订承包合同和办理工程结算的依据，也是施工单位编制生产计划和进行经济核算以及考核经营成果的依据。在实行招标承包制的情况下，概（预）算就成为招标单位确定标底和投标单位投标报价的重要依据。

（2）预算

单位工程施工图预算是将已批准的施工图和既定的施工方法，按照国家或省、市颁发的工程量计算规则，计算出分部分项工程量，并逐项套用相应的现行预算定额，累计其全部直接费。再根据规定的各项费用的取费标准，计算出所需的施工管理费、独立费和利润，最后综合计算出该单位工程的造价。另外，根据分项工程量分析材料和人工用量，并汇总各种材料和人工总用量。

10.3 景观工程招投标

（1）工程招标承包

工程招标承包是指在市场经济的条件下，采用招投标方式以实现工程承包的一种工程管理制度。它是工程发包方（一般指招标方）与承包方（一般指投标中标方）二者之间经济关系的形式。承包方式有多种多样，受承包内容和具体环境条件的制约。

（2）工程招标

工程招标是指建设单位（业主）就拟建的工程发布通告，用法定方式吸引项目的承包单位参加竞争，进而通过法定程序从中选择条件优越者来完成工程建设任务的一种法律行为。景观建设工程实行招标投标，有利于开展公平竞争，使景观工程得到科学有效的控制和管理，使产品得到社会承认。承包单位必须具备一定的条件，包括一定的技术、经济实力和施工管理经验，足以胜任承包任务的能力；效率高；价格合理；信誉良好。我国景观工程施工招标工作一般由业主（建设单位）负责组织，或者由业主委托工程咨询公司、工程监理公司代理组织。

（3）工程施工投标

工程施工投标是指经过特定审查而获得投标资格的建设项目承包单位，按照招标文件的要求，在规定的时间内向招标单位填报投标书，争取中标的法律行为。

投标工作包括办理参加投标手续、研究投标报价策略、编制和递送投标文件以及参加定标前后的谈判等，直至定标后签订合同协议。

10.4 景观工程施工承包合同

景观工程施工合同是指发包人与承包人之间为完成商定的景观工程施工项目，确定双方权利和义务的协议。依据工程施工合同，承包方完成一定的工程任务，发包人应提供必要的施工条件并支付工程价款。景观工程施工合同具有以下显著特点：

（1）合同目标的特殊性

景观工程施工合同中的各类建筑物、植物产品、其基础部分与大地相连，不能移动。这就决定了每个施工合同中的项目都是特殊的，相互间具有不可替代性，植物、建筑所在地就是施工生产场地，施工队伍、施工机械必须围绕建筑产品不断移动。

（2）景观工程合同履行期限的长期性

在景观工程建设中植物、建筑物的施工，由于材料类型多、施工前期准备工作量大，耗时长，且合同履行期又长于施工工期，而施工工期是在正式开工之日起计算的，因此，在景观工程施工合同签订时，工期需加上开工前施工准备时间和竣工验收后的结算及保修期的时间，特别是对植物产品的管护工作需要更长的时间。此外，在工程的施工过程中，还可能因为不可抗力、工程变更、材料供应不及时等原因导致工期顺延。

（3）景观工程施工合同内容的多样性

景观工程施工合同除了具备合同的一般内容外，还应对安全施工、专利技术使用、发现地下障碍和文物、工程分包、不可抗力、工程设计变更、材料设备的供应、运输、验收等内容作出规定，在施工合同的履行过程中，除施工企业与发包人的合同关系外，还应涉及与劳务人员的劳动关系、与保险公司的保险关系、与材料设备供应商的买卖关系、与运输企业的运输关系等。所有这些都决定了施工合同的内容具有多样性和复杂性的特点。

（4）景观工程合同监督的严格性

由于景观工程施工合同的履行对国家的经济发展、人民的工作、生活和生存环境等都有重大影响，因此，国家对景观工程施工合同的监督是十分严格的。具体体现在对合同主体监督的严格性、对合同订立监督的严格性和对合同履行监督的严格性等几个方面。

10.5 景观工程施工组织

10.5.1 施工组织设计

施工组织设计是以施工项目为对象编制的，用以指导其施工全过程各项施工活动的技术、经济、组织、协调和控制的综合性文件。根据施工项目类型不同，它可分为施工组织设计大纲、施工组织总设计、单项（位）施工组织设计和分部（项）工程施工设计。

10.5.2 景观施工项目管理

施工项目管理是指建筑企业运用系统的观点、理论和方法对施工项目进行的决策、计划、组织、控制、协调等全过程的全面管理。

（1）施工项目进度控制与管理

施工项目进度控制与管理是以现代科学管理原理作为其理论基础的，主要有系统原理、动态控制原理、信息反馈原理、弹性原理及封闭循环原理等。

（2）施工项目质量控制与管理

施工项目质量控制与管理包括施工生产要素的质量控制和施工工序的质量控制。

① 施工生产要素的质量控制

施工生产要素的质量控制有以下五个方面：

A. 人的控制。人是生产过程的活动主体，其总体素质和个体能力，将决定着一切质量活动的成果，因此，既要把人作为质量控制对象，又要把人作为其他质量活动的控制动力。

B. 材料、设备的控制。材料是工程施工的物质条件，材料质量是保证工程施工质量的必要条件之一，实施材料的质量控制应抓好材料采购、材料检验、材料的仓储和使用等环节。建筑设备的控制应从设备选择采购、设备运输、设备检查、设备安装及设备调试方面考虑。

C. 施工机械设备的控制。施工机械设备是现代建筑施工必不可少的设施，是反映一个施工企业力量强弱的重要方面，对工程项目的施工进度和质量有直接影响。因此，对其质量控制就是使施工机械设备的类型、性能参数与施工现场条件、施工工艺等因素相匹配。

D. 施工方法的控制。施工方法集中反映在承包商为工程施工所采取的技术方案、工艺流程、检测手段及施工程序安排等。

E. 环境的控制。创造良好的施工环境对于保证工程质量和施工安全、实现文明施工、树立施工企业的社会形象都有很重要的作用。施工环境控制既包括对自然环境特点和规律的了解、限制、改选及利用问题，也包括对管理环境及劳动作业环境的创设活动。

② 施工工序质量的控制

工序质量控制就是对工序活动条件的质量（即工序活动投入的质量）和工序活动效果的质量（即分项工程质量）的控制。

③ 施工项目成本、安全的控制

施工项目成本控制是指项目经理部在项目成本形成的过程中，为控制人、机、材消耗和费用支出，降低工程成本，达到预期的项目成本目标，所进行的成本预测、计划、实施、核算、分析、考核、整理成本资料与编制成本报告等一系列活动。

施工项目安全控制通常包括安全法规、安全技术、工业卫生。安全法规侧重于“劳动者”的管理、约束，控制劳动者的不安全行为；安全技术侧重于“劳动对象和劳动手段”的管理，清除或减少物的不安全因素；工业卫生侧重于“环境”的管理，以形成良好的劳动条件。施工项目安全控制主要以施工活动中的人、物、环境构成的施工生产体系为对象，建立一个安全的生产体系，确保施工活动的顺利进行。

10.6 景观工程监理

监理是指有关执行者根据一定的行为准则，对某些行为进行监督管理，使这些行为符合准则要求，并协助行为主体实现其行为目的。

景观工程建设监理是指针对工程项目建设，社会化、专业化的建设工程监理单位接受业主的委托和授权，根据国家批准的工程项目建设文件、有关工程建设的法律、法规和建设工程监理合同，以及其他工程建设合同所进行的旨在实现项目投资目的的微观管理活动。

（1）建设项目实施准备阶段的监理

建设项目实施准备阶段的监理工作内容如下：

① 审查施工单位选择的分包单位的资质。

② 监督检查施工单位质量保证体系、安全技术措施，完善质量管理程序与制度。

③ 监察设计文件是否符合设计规范与标准，检查施工图纸是否能满足施工需要。

④ 协助做好优化设计和改善设计工作。

⑤ 参加设计单位向施工单位的技术交底。

⑥ 审查施工单位上报的实施性组织施工设计，重点对施工方案、劳动力、材料、机械设备的组织及保证工程质量、安全、工期和控制造价等方面的措施进行监督，并向业主提出监理意见。

⑦ 在单位工程开工前检查施工单位的复测资料，特别是两个相邻施工单位的测量资料、控制桩橛是否交接清楚，手续是否完善，质量有无问题，并对贯通测量、中线及水准桩的设置、固桩情况进行审查。

⑧ 对重点工程部位的中线、水平控制进行复查。

⑨ 监督落实各项施工条件，审批一般单项工程、单位工程的开工报告，并报业主审查。

（2）建设工程施工阶段的监理

施工阶段园林工程建设监理的主要任务是在施工过程中根据施工阶段的预定的目标规划与计划，通过动态控制、组织协调、合同管理使工程建设项目的施工质量、进度和投资符合预定的目标要求。

10.7 景观工程竣工验收

景观工程的竣工验收是施工的最后一个法定程序。工程竣工验收后，甲、乙双方办理结算手续，终结合同关系。对于景观施工企业来说，工程竣工验收意味着完成了该产品合同文件中规定的生产任务，并将景观产品交付给了建设单位；而对于建设单位来说，工程验收是将景观产品的使用权和管理权接收过来，也是建设单位最后一次把关。

景观工程的交工验收一般可分为四个阶段，即分部、分项工程验收（包括隐蔽工程验收），中间验收，竣工验收以及最终验收。

景观工程项目的交接的内容包括以下三个方面：

（1）工程移交

一个景观建设工程项目通过竣工验收后，监理工程师要与承接施工单位协商一个有关工程收尾的工作计划，包括存在的一些漏项以及工程质量方面的问题。当移交清点工作结束之后，监理工程师签发工程竣工移交证书。工程交接结束后，承接施工单位即应按照合同规定的时间内抓紧对临时建设设施的拆除和施工人员及机械的撤离工作，并做到现场清理干净。

（2）技术资料的移交

景观建设工程的主要技术资料是工程档案的重要部分，因此，在正式验收时应提供完整的工程技术档案。整理工程技术档案是由建设单位、承接施工单位和监理工程师共同完成。通常作法是建设单位与监理工程师将保存的资料交给承接施工单位来完成，最后交给监理工程师校对审阅，确认符合要求后，再由承接施工单位档案部门按要求装订成册，统一验收保存。

（3）其他移交工作

例如，关于景观工程中某些新设备、新设施和新的工程材料等的使用和性能的“使用保养提示书”；各类使用说明书及有关装配图纸；交接附属工具配件及备用材料；厂商及总、分包承接施工单位明细表；水表、电表及机电设备内存油料数据等的交接。

10.8 景观工程竣工结算与决算

（1）景观工程竣工结算

景观工程竣工结算是指单项工程完成并达到验收标准，取得竣工验收合格签证后，景观施工企业与建设单位（业主）之间办理的工程财务结算。单项工程竣工验收后，由景观施工企业及时整理交工技术资料。主要工程应绘制竣工图、编制竣工结算以及施工合同及其补充协议、设计变更洽商等资料，送建设单位审查，经承发包双方达成一致意见后办理结算。

（2）景观工程竣工决算

竣工验收的项目在办理验收手续之前，必须对所有财产和物资进行清理，编制好竣工决算。竣工决算是反映建设项目实际造价和投资效果的文件，是竣工验收报告的重要组成部分。

景观建设项目的工程竣工决算是在建设项目或单项工程完工后，由建设单位财务及有关部门，以竣工结算、前期工程费用等资料为基础进行编制的。竣工决算全面反映了建设项目或单项工程从筹建到竣工使用全过程中各项资金的使用情况和设计概（预）算执行的结果，它是考核建设成本的重要依据。

景观建设工程竣工决算内容包括从筹建到竣工投产全过程的全部实际支出费用，即建筑安装工程费用、设备器具购置费和其他费用组成等。竣工决算由竣工决算报表、竣工决算报告说明书、竣工工程平面图及工程造价比较分析四部分组成。

10.9 施工总结

一项景观建设工程全部竣工后，施工企业应该认真进行总结，目的在于积累经验和吸取教训，以提高经营管理水平。总结的中心内容是工期、质量和工程成本三个方面。

（1）工期

① 对工程项目建设总工期、单位工程工期、分部工程工期和分项工程工期，以计划工期同实际完成工期进行分析对比，并对各主要施工阶段工期控制进行分析。

② 各种原材料、预制构件、设备设施、各类管线和加工订货的实际供应情况。

③ 关于新工艺、新技术、新结构、新材料及新设备的应用情况和效果评价。

④ 劳动组织、工种结构和各种施工机械的配置是否合理，是否达到定额水平。

⑤ 分析、检查工程项目的均衡施工情况、各分项工程的协作及各主要工种工序的搭接情况。

⑥ 各项技术措施和安全措施的实际情况是否能满足施工的需要。

⑦ 检查施工方案是否先进、合理、经济，并能有效地保证工期。

（2）质量

①按国家规定的标准，评定工程质量达到的等级。

② 对各分项工程进行质量评定分析。

③ 对重大质量事故进行总结分析。

④ 各项质量保证措施的实施情况，质量责任制的执行情况。

（3）工程成本

① 总收入和总支出的对比分析。

② 计划成本和实际成本的对比分析。

③ 人工成本和劳动生产率，材料、物质耗用量和定额预算的对比分析。

④施工机械利用率及其他各类费用的收支情况。

| 知识重点 |

1. 了解景观工程的概预算。
2. 了解景观工程施工组织。
3. 了解景观工程监理。
4. 了解景观工程竣工验收。
5. 了解景观工程竣工结算与决算。

| 作业安排 |

1. 通过案例了解景观工程的概预算。
2. 通过案例了解景观工程施工组织。

参考文献

[1] 王晓俊. 风景园林设计[M]. 南京：江苏科学技术出版社，2000.

[2] 姚洪涛. 场地设计[M]. 沈阳：辽宁科学技术出版社，2000.

[3] 吴为廉. 景园建筑工程规划与设计[M]. 上海：同济大学出版社，1996.

[4] 唐来春，曾小毕. 园林工程[M]. 北京：中国建筑工业出版社，2009.

[5] 易新军，园林工程[M]. 北京：化学工业出版社，2009.

[6] 金涛，园林景观小品应用艺术大观[M]. 北京：中国城市出版社，2003.

[7] 杨永胜，金涛. 现代城市景观设计与营建技术[M]. 北京：中国城市出版社，2002.

[8] 张吉祥. 园林植物种植设计[M]. 北京：中国建筑工业出版社，2001.

[9] 诺曼 K. 布思. 风景园林设计要素[M]. 曹礼鲲，曹德鲲，译. 北京：中国林业出版社，1989.

[10] 史蒂文 · 斯特罗姆 · 库内特 · 内森. 风景建筑学场地工程[M]. 任慧涛，等，译. 大连：大连理工大学出版社，2002.

[11] 哈维 · M.鲁本斯坦. 建筑场地规划与景观建设指南[M]. 李家坤，译. 大连：大连理工大学出版社，2001.

[12] 金井格，等. 道路和广场的地面铺装[M]. 章俊华，乌恩，译. 北京：中国建筑工业出版社，2002.

[13] 詹姆士 · 埃里森. 园林水景[M]. 姜怡，姜欣，译. 大连：大连理工大学出版社，2002.

[14] 南希 A. 莱斯辛思基. 植物景观设计[M]. 卓丽环，译. 北京：中国林业出版社，2004.